ProjectWise CONNECT Edition
应用教程

黑龙江省建设科创投资集团　主　编

U0309125

人民交通出版社股份有限公司
北　京

内 容 提 要

ProjectWise 作为一款优秀的协同工作平台软件,提供了一个流程化、标准化的工程全过程管理系统,确保项目的团队信息按照工作流程一体化地协同工作,并且为工程项目内容的管理提供了一个集成的协同环境,可以精确有效地管理各种 A/E/C(Architecture/Engineer/Construction)文件内容,并通过良好的安全访问机制,使项目各个参与方在一个统一的平台上协同工作。本书介绍了 ProjectWise CONNECT Edition 软件的功能特点和应用过程中的注意事项,为读者提供一个完整的协同工作平台操作流程。

图书在版编目(CIP)数据

ProjectWise CONNECT Edition 应用教程/黑龙江省建设科创投资集团主编. —北京:人民交通出版社股份有限公司,2020.4

ISBN 978-7-114-16401-9

Ⅰ.①P… Ⅱ.①黑… Ⅲ.①建筑设计—计算机辅助设计—应用软件—教材 Ⅳ.①TU201.4

中国版本图书馆 CIP 数据核字(2020)第 043786 号

ProjectWise CONNECT Edition Yingyong Jiaocheng

书　　名	**ProjectWise CONNECT Edition 应用教程**
著 作 者	黑龙江省建设科创投资集团
责任编辑	朱明周
责任校对	孙国靖　龙　雪
责任印制	刘高彤
出版发行	人民交通出版社股份有限公司
地　　址	(100011)北京市朝阳区安定门外外馆斜街 3 号
网　　址	http://www.ccpress.com.cn
销售电话	(010)59757973
总 经 销	人民交通出版社股份有限公司发行部
经　　销	各地新华书店
印　　刷	北京鑫正大印刷有限公司
开　　本	787×1092　1/16
印　　张	10
字　　数	228 千
版　　次	2020 年 4 月　第 1 版
印　　次	2020 年 4 月　第 1 次印刷
书　　号	ISBN 978-7-114-16401-9
定　　价	40.00 元

(有印刷、装订质量问题的图书由本公司负责调换)

《ProjectWise CONNECT Edition 应用教程》
编写组

主　　编：武士军　亓彦涛　梁旭源

副 主 编：叶光伟　孙立明　姜忠军

　　　　　王恩海　刘景军

主　　审：马松林　麻宏胜

编写成员：(按姓名笔画排列)

王奇伟　王腾先　王福忠

叶　阳　刘　涛　刘　寒

李增华　张佳宁　陈　箭

贺　丹　曹静华　董志平

魏翰超　阚　蓉

前　言

目前工程领域越来越多地采用先进的计算机技术对工程项目全生命周期进行三维可视化、信息化的规划、设计、建造和运维。同时，工程项目各参与方希望能够利用优秀的平台或系统对多专业进行统一而高效的协同工作。

BIM 技术的出现，帮助工程建设者通过三维可视化手段对建筑物或构筑物的几何空间信息与属性信息进行表达，为建设管理者在工程项目质量、进度、安全、成本等方面的管理提供准确而高效的可视化信息。

我们编写的《基础设施建设行业 BIM 系列丛书》和《基础设施行业职业教育 1＋X 系列丛书》，将面向众多工程专业技术人士，帮助用户在实际项目中提前进行项目土地规划、实现资源利用最大化，基于协同的设计平台，帮助工程技术人员实现快速迭代设计，提高设计成果格式统一性，进而能够在项目施工阶段完全实现建筑信息模型技术的应用，最终实现数字化运维，为项目运维方带来最直接的经济价值。

为了帮助初学者快速入门，我们计划编写的《基础设施建设行业 BIM 系列丛书》，包括《OpenRoads Designer CONNECT Edition 应用教程》《OpenBuildings Designer CONNECT Edition 应用教程》《OpenBridge Modeler CONNECT Edition 应用教程》《OpenPlant Modeler CONNECT Edition 应用教程》《Prostructures CONNECT Edition 应用教程》《ProjectWise CONNECT Edition 应用教程》等，本书即是该丛书中的一本。

ProjectWise CONNECT Edition 作为一款优秀的协同工作平台软件，提供了一个流程化、标准化的工程全过程管理系统，确保项目的团队、信息按照工作流程一体化地协同工作，并且为工程项目内容的管理提供了一个集成的协同环境，可以精确有效地管理各种 A/E/C(Architecture/Engineer/Construction)文件内容，并通过良好的安全访问机制，使项目各个参与方在一个统一的平台上协同工作。本书重点介绍了软件自身的功能特点和应用过程中的注意事项，为读者提供一个完整的协同工作平台操作流程。

本书的编写离不开黑龙江省建设科创投资有限公司领导的支持与同事的帮助。对 Bentley 公司工程师和哈尔滨工业大学教授的审核，在此一并表示感谢。

编　者
2020 年 2 月 28 日

目　　录

第一篇　ProjectWise Explorer 介绍

第二篇　ProjectWise Administrator 介绍

第一篇
ProjectWise Explorer介绍

第1章　ProjectWise 概述

1.1　ProjectWise 系统

ProjectWise 是一个流程化、标准化的工程项目全过程管理系统,可以精确有效地管理各种 A/E/C(Architecture/Engineer/Construction)文件内容,让散布在不同区域甚至不同国家的项目团队,能够在一个集中、统一的环境下工作。通过这个管理平台,可以将项目中创造和累积的知识加以分类、储存以及供项目团队分享,明确项目成员的责任,提升项目团队的工作效率及生产力。

在实际项目中,ProjectWise 能够对工程领域内项目的规划、设计、建设资源进行有效管理与控制,确保分散的资源唯一性、安全性和可控制性,使获得授权的用户能迅速、方便、准确地获得所需要的工程信息,提高整体效益。

1.2　ProjectWise 的功能特点

- 解决活文档的管理问题

ProjectWise 是一个从文档产生即开始管理的全过程管理软件,注重信息共享与协同,非常适合以图纸、文字、报表为核心业务的设计、施工、运维人员对图纸、文件进行全过程管理,可以与各种 CAD(Computer Aided Design,计算机辅助设计)软件和 Office 软件紧密结合,解决 CAD 图纸绘制和文件编辑过程中的信息交流共享与协同工作的问题。

- 解决公共资源共享和唯一性问题

目前大多数用户习惯于在自己的电脑上进行数据的处理,文件保存在个人电脑中,造成信息交流不顺畅,形成了一座座信息孤岛。用户之间需要信息共享时,只能通过 Windows 共享方式,但这种方式很容易受病毒的侵害,而且每个用户看到的都是不完整的、片面的数据。使用 ProjectWise,用户可以在一个协同平台上访问数据,数据集中存储在 ProjectWise 的集成服务器,而不再需要通过 Windows 共享方式。任何用户看到的,都是 ProjectWise 任务结构组织下有序的数据。

- 解决远程异地协作问题

ProjectWise 可以将各参与方工作的内容进行分布式存储管理,并且提供本地缓存技术,这样既保证了对项目资源的统一控制,又提高了异地协同工作的效率。通过 ProjectWise 建立的统一文件服务管理平台,不论企业的雇员分布在世界的哪个角落,只要能够连接互联网,就能安全地访问企业的文档数据。针对用户通过广域网异地协同工作时大文件传输速度慢、效率低的问题,ProjectWise 采用了先进的 Delta 文件传输技术,使用压缩和增量传输的方式,相比于传统方式,传输速度可大大提高,使用户可以利用分布式资源组成的网络,大幅度提高访问速度。

- 解决工程内容的快速查询问题

ProjectWise 除能提供基本的属性查询、自定义查询等通用手段外,还能通过对 dwg、dgn 等CAD 文件进行全文索引和图形元素的抽取,可以方便用户直接查找 CAD 文件中的内容。

- 解决图档在工程过程中的受控问题

通过 ProjectWise 可以根据不同的业务规范,自定义工作流程和流程中的各个环节,并且赋予用户在各个环节的访问权限。当使用工作流时,文件可以在各个环节之间流动,拥有这一环节权限的人员就可以访问文件内容。通过工作流的管理,可以使设计工作流程更加规范,保证各环节下的安全访问。

- 解决图档的安全机制

ProjectWise 具有非常强大的安全管理机制,不但能对单个文档或用户的访问进行授权,还可以对相关的文件夹进行权限管理,更独特的是 ProjectWise 还能对二维图纸或三维模型中的元素进行权限管理。

- 解决沟通和过程记录问题

ProjectWise 内部有完善的消息系统,可以根据用户自定义条件在用户间进行自动的信息传递。ProjectWise 内部的消息系统可以和外部的邮件系统(如 Microsoft Exchange)连接。ProjectWise 能对用户从登录到退出所做的所有操作进行记录并生成相应的报告。

- 着重解决设计、施工、业主的协作问题

ProjectWise 同时支持 B/S(浏览器/服务器)及 C/S(客户端/服务器)结构,允许项目不同参与方根据自己的工作特点选择客户端。

- 解决文件及模型之间的参照关系问题

应用 ProjectWise 可以很方便地管理文件之间的参考关系,即使文件的位置发生了改变,对参考关系也没有任何影响。

- 解决与地理信息管理系统的集成问题

ProjectWise GeoSpatial Management 扩充了 ProjectWise 的工程内容管理功能,让所有的文件都具备可空间索引的特性。用户可以动态地在以地图为基础的接口上,根据文件的空间位置,浏览及获取相关的内容信息。整合的地图管理功能、动态坐标系统以及空间索引工具,可以帮助使用者有效率地管理工程信息。通过 ArcGIS Connector,还可以与空间数据库进行数据交换。

● 解决三维模型浏览问题

ProjectWise 后端采用 Publisher 发布引擎,可以动态地将设计文件、光栅影像文件发布出来。设计文件发布后完全保留原始文件中的各种矢量信息、图层以及参考关系,这样就可以方便地通过 Web 浏览器查看三维模型和图纸文件。

● 解决对设计文件红线批注问题

ProjectWise 可以方便地进行发布和出图管理。支持在打印的同时,生成相应文档的 PDF 格式,便于文件的交付归档。利用 ProjectWise 独有的电子笔,支持直接在打印的纸质文件上进行文件的校审和批阅,校审和批阅的内容将会通过 ProjectWise 同步到系统的电子文档中,大大减少了图档同步的工作量和时间。

1.3　ProjectWise 给日常工作带来的帮助

ProjectWise 可以给日常工作带来的帮助有:

①整个企业的图纸文档按照规范的目录结构管理,方便对文档的管理、备份及检索。

②方便文档资料的发布和各部门之间的工作配合。可以快速找到相关的图纸和文档,方便用户使用。

③具有良好的检入/检出机制。在一特定时间,一个文件只能由一个用户编辑,保证了文档的唯一性。

④修改文件后可以附加相应的注释,使其他工作人员及时了解文件的状况。

⑤可以对文件创建多个版本,并且只可以在最新版本上进行修改编辑。任何历史版本都可以回溯。

⑥集成各种设计软件(MicroStation、AutoCAD 等)以及 Microsoft Office 办公软件,可以将系统中的原数据信息自动写入设计文件图框中,减少设计人员工作量。

⑦使用导入/导出功能,可以在本地指定目录中保留工作文件。可以对本地导出文件进行离线编辑,连线后随时导入回系统中。

⑧查询方式多样,查询条件可任意组合。可以全文检索,还可以根据图纸中的组件(单元、图层、模型等)进行检索,快捷方便。可以保存查询条件,以便反复使用。

⑨历史文件导入系统后,通过参考扫描,可以方便快捷地重新建立原有的关联关系。

⑩当文件在系统中的位置发生移动时,系统可以自动维护文件之间的关联关系。

⑪每个工作人员都有自己的私有文件夹,方便浏览和管理自己的文档。

⑫通过内部消息系统,可以及时将文档变更信息通知相关人员。

⑬界面友好,操作简单。

第2章 ProjectWise Explorer 的安装

2.1 安装 ProjectWise Explorer

步骤1：找到 ProjectWise Explorer 安装程序，双击打开，安装 ProjectWise Explorer，勾选【I accept the End User License Agreement】，点击【Next】，如图 2.1-1 所示。

步骤2：可勾选 Bentley DGN Navigator Control 插件，点击【Install】，如图 2.1-2 所示。

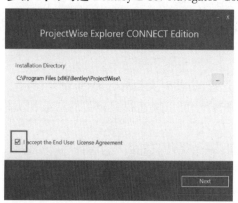

图 2.1-1　同意服务协议

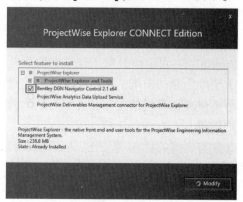

图 2.1-2　DGN 插件

步骤3：开始安装，如图 2.1-3 所示。

步骤4：安装完成后，点击【Finish】完成安装，如图 2.1-4 所示。

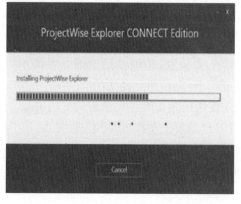

图 2.1-3　ProjectWise Explorer 安装过程

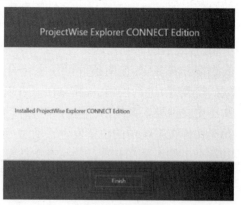

图 2.1-4　完成安装

2.2 安装中文包

步骤1：根据电脑系统，可选择 32 位或 64 位的中文包安装程序，如图 2.2-1 所示。

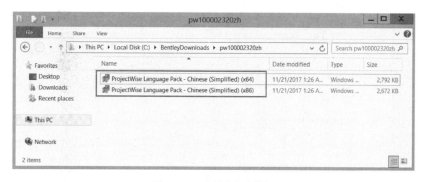

图 2.2-1　选择中文安装包

步骤2：双击运行安装包后，一直点击【Next】直到完成安装，如图 2.2-2 所示。

步骤3：安装完成后，需要手动选择语言。在开始菜单中找到并打开 User Tools，如图 2.2-3 所示。

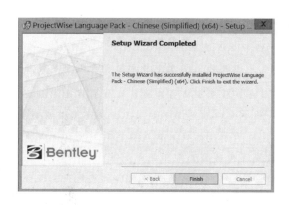

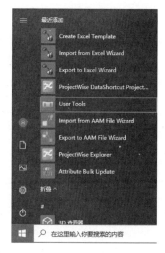

图 2.2-2　安装完成　　　　　　　　图 2.2-3　User Tools

步骤4：在弹出的窗口中，双击【Set Locale】，如图 2.2-4 所示。

步骤5：在下拉列表中选择【Chinese（Simplified）】，点击【OK】关闭该窗口，如图 2.2-5 所示。之后 ProjectWise Explorer 界面就变成简体中文。

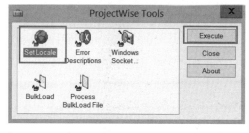

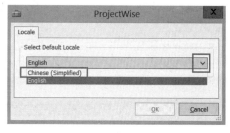

图 2.2-4　双击【Set Locale】　　　　　图 2.2-5　选择简体中文

2.3　配置数据源

步骤1：打开 ProjectWise Explorer，点击【工具】→【网络配置设置】，如图 2.3-1 所示。

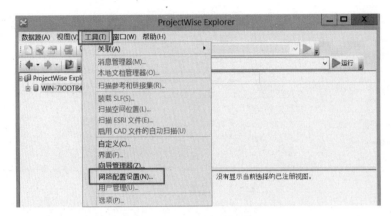

图 2.3-1　网络配置

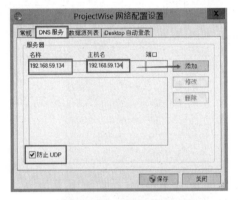

图 2.3-2　【DNS 服务】标签页中的设置

步骤 2：在【DNS 服务】标签页中的【名称】和【主机名】中输入 ProjectWise 服务器的机器名或 IP，点击【添加】按钮，勾选【防止 UDP】，在【数据源列表】标签页中进行同样设置，如图 2.3-2、图 2.3-3 所示。

步骤 3：在【常规】标签页中勾选【防止将 UDP 用于 DNS 和列表】，去除【支持 IPv6】和【首选 IPv6】选项，如图 2.3-4 所示。

步骤 4：配置完成后，在数据源上点击右键，点击【刷新】即可看到数据源，如图 2.3-5 所示。

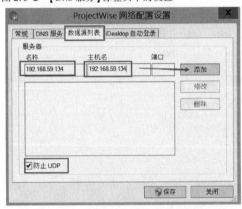

图 2.3-3　【数据源列表】标签页中的设置

图 2.3-4　【常规】标签页中的设置

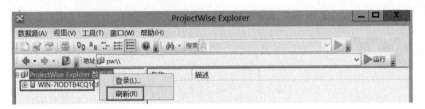

图 2.3-5　ProjectWise 登录界面

第3章　ProjectWise Explorer 常规操作

3.1　系 统 登 录

步骤1：在开始菜单中找到并点击 ProjectWise Explorer 图标，如图 3.1-1 所示。

步骤2：双击数据源，或者点击鼠标右键，点击右键菜单中的【登录】，弹出登录窗口，如图 3.1-2所示。

图 3.1-1　寻找 ProjectWise Explorer 图标　　　　　　图 3.1-2　管理员登录界面

步骤3：在登录界面输入用户名及密码，点击【登录】，如图 3.1-3 所示。如果不知道用户名和密码，请询问 ProjectWise 管理员。

如果出现如图 3.1-4 所示的界面，请核实输入的用户名或者密码是否正确。

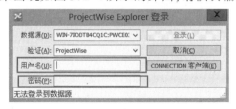

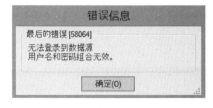

图 3.1-3　输入用户名和密码　　　　　　　　图 3.1-4　错误信息

3.2　用 户 界 面

ProjectWise Explorer 与 Windows Explorer 相比（图 3.2-1），无论是主菜单、工具条，都显得

9

更加详细和灵活,ProjectWise Explorer 与 Windows Explorer 总体结构上是相似的。

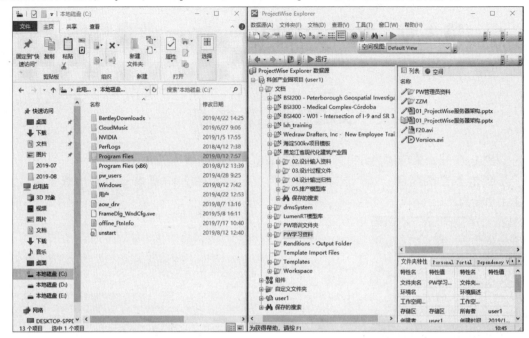

图 3.2-1　Windows Explorer 界面(左)与 ProjectWise Explorer 界面(右)

3.2.1　基本界面介绍

【数据源】菜单:包括数据源的登录、注销以及对打印机的设置,如图 3.2-2 所示。

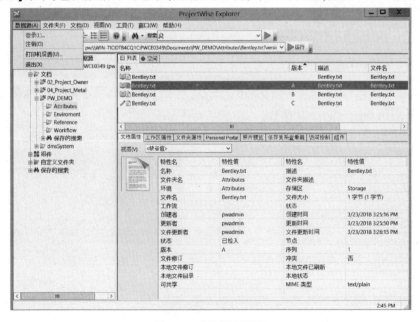

图 3.2-2　【数据源】菜单

【文件夹】菜单:包括对文件夹的操作,如文件夹的新建、剪切、复制、粘贴、删除、导出等,如图 3.2-3 所示。

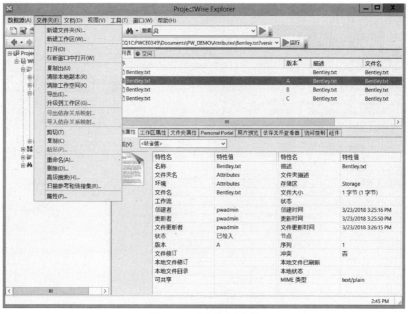

图 3.2-3　【文件夹】菜单

　　【文档】菜单:包括对文档的操作,如文档的新建、检入、检出、导入、导出、释放、批注等,还包括对文档集的操作、文档的发送和状态的改变,如图 3.2-4 所示。

图 3.2-4　【文档】菜单

【视图】菜单:包括对图标的更改、缩略图以及对视图的管理,如图 3.2-5 所示。

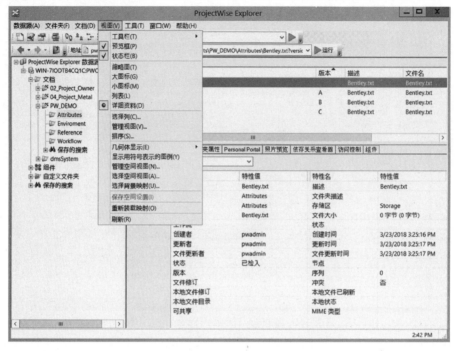

图 3.2-5 【视图】菜单

【工具】菜单:包括对消息、文档管理器、文件参考关系的操作,以及界面设置、网络设置、用户管理和用户设置等,如图 3.2-6 所示。

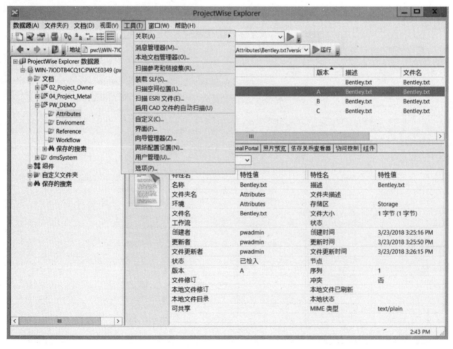

图 3.2-6 【工具】菜单

ProjectWise Explorer 可以选择打开【视图】工具栏、【界面】工具栏。要打开【视图】工具栏,在主菜单中选择【视图】→【工具栏】→【自定义】(图3.2-7),在弹出的【Customize】对话框中点击【Toolbars】标签页,勾选【视图】,点击【Close】按钮(图3.2-8)。则 ProjectWise Explorer 中显示【视图】工具栏,如图3.2-9 所示。

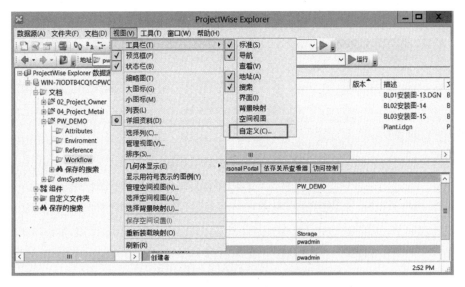

图3.2-7 视图自定义

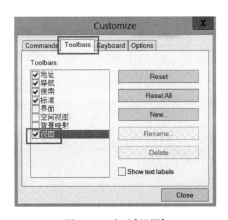

图3.2-8 勾选【视图】

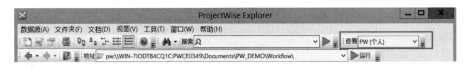

图3.2-9 【视图】工具栏

要打开【界面】工具栏,在主菜单中选择【视图】→【工具栏】→【界面】,如图3.2-10 所示。则 ProjectWise Explorer 中显示【界面】工具栏,如图3.2-11 所示。

此外,还可以右键点击工具栏,在弹出窗口中选择【界面】来打开界面工具栏。

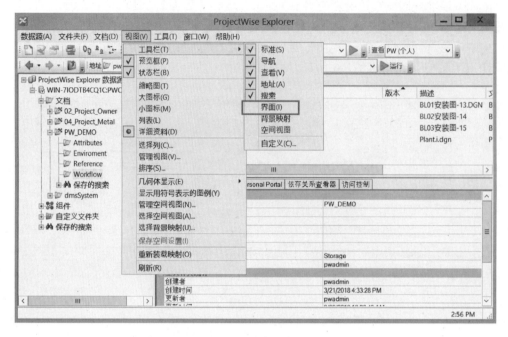

图 3.2-10　打开【视图】工具栏

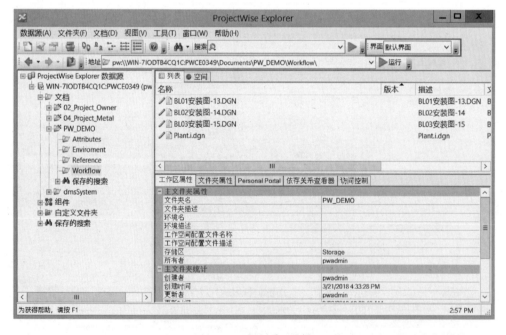

图 3.2-11　【界面】工具栏

3.2.2　自定义工具栏

步骤 1：点击【工具】菜单→【自定义】，如图 3.2-12 所示。

步骤 2：在【自定义】窗口点击【工具栏】标签页，如图 3.2-13 所示。

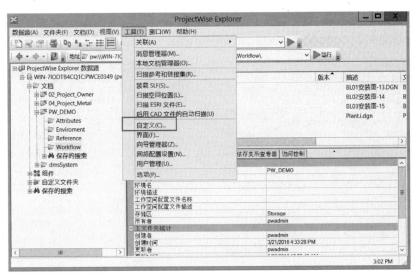

图 3.2-12　自定义工具栏

步骤 3：点击【新建】按钮，在弹出的【工具栏名称】对话框中输入工具栏名称，点击【确定】，如图 3.2-14 所示。

图 3.2-13　自定义工具栏

图 3.2-14　输入工具栏名称

步骤 4：点击【命令】标签页，点击【类别】中的【所有命令】，右侧显示出所有命令，如图 3.2-15所示。

步骤 5：按住鼠标左键，将需要的命令拖入刚刚定义好的工具栏中，如图 3.2-16 所示。

图 3.2-15　显示全部命令

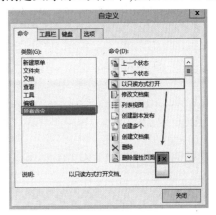

图 3.2-16　将命令拖放到工具栏

步骤6：完成命令的选择后，点击【关闭】按钮，完成工具栏自定义，将定义好的工具栏拖到适合的位置，如图3.2-17所示。

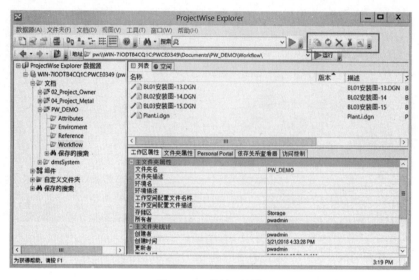

图3.2-17　拖拽工具栏

3.3　文档和文件夹的导入/导出

3.3.1　文档的导入/导出

文档的导出有两种，一种会锁定文件，另一种是创建不受控的本地副本。

步骤1：右键点击文件，选择【导出】，如图3.3-1所示。

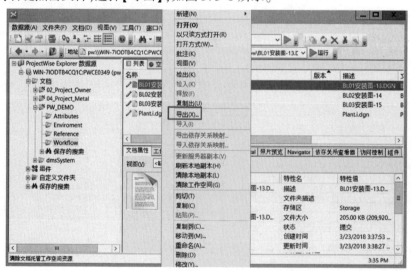

图3.3-1　文件导出

步骤2：启动【文档导出向导】。如果用户需要锁定该文件，可以选择【导出-锁定文件，可重新导入更改】;如果用户选择拷贝文件副本,可以选择【发送到文件夹-创建不受控的本地副本】,然后选择导出文件夹的位置,如图 3.3-2 所示。

步骤 3:导出完成后点击【Finish】按钮,如图 3.3-3 所示。

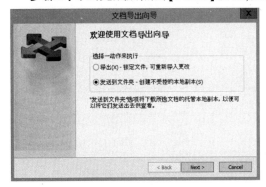 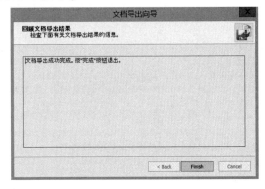

图 3.3-2 文档导出向导 图 3.3-3 文档导出完成

文档的导入是建立在导出(锁定文件)基础上的,当文档导出后该文档显示 图标。当文件导入后,导出的文件会自动删除。要导入文件,选中文件,右键点击,选择【导入】即可,如图 3.3-4 所示。

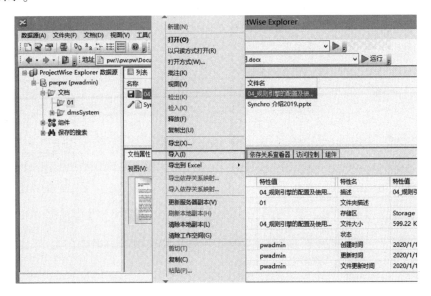

图 3.3-4 导入文档

3.3.2 文件夹的导入/导出

文件夹的导出与文档的导出类似。

步骤 1:右键点击文件夹,选择【导出】,如图 3.3-5 所示。

步骤 2:用户需要锁定该文件夹时,选择【导出-锁定所有文件,可重新导入更改】;如果拷贝副本,则选择【发送到文件夹-创建不受控的本地副本】。然后选择导出文件夹的位置,如图 3.3-6 所示。

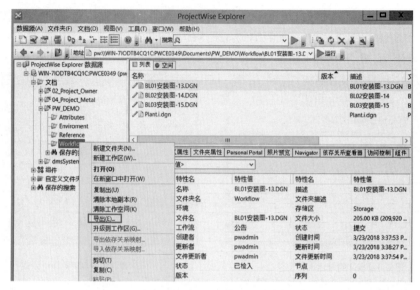

图 3.3-5　文件夹导出

步骤3:选择【导出-锁定所有文件,可重新导入更改】后,弹出设置页面,如图 3.3-7 所示。

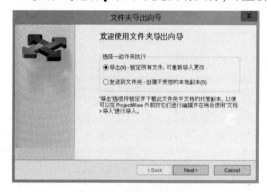

图 3.3-6　文件夹导出向导　　　　　　　　　　　图 3.3-7　文件夹导出设置

步骤4:完成设置后,点击【下一步】,完成文件夹的导出,如图 3.3-8 所示。

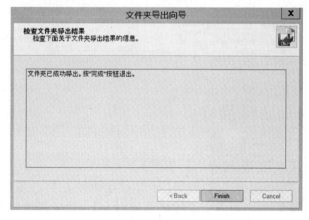

图 3.3-8　文件夹导出完成

3.4　创建文件夹和文档

3.4.1　文件夹的创建

文件夹的创建有四种方式。

- **方法 1**

点击菜单中的【文件夹】→【新建文件夹】,如图 3.4-1 所示。

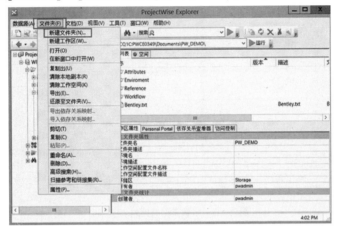

图 3.4-1　通过菜单新建文件夹

- **方法 2**

在 ProjectWise Explorer 目录树中点击鼠标右键,选择【新建文件夹】,如图 3.4-2 所示。

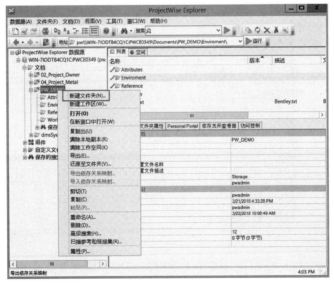

图 3.4-2　在目录树中点击鼠标右键创建文件夹

● 方法 3(拖拽)

步骤 1：在 Windows Explorer 中选中一个目录，按住鼠标左键，拖拽到 ProjectWise Explorer 的列表区的空白处，如图 3.4-3 所示。

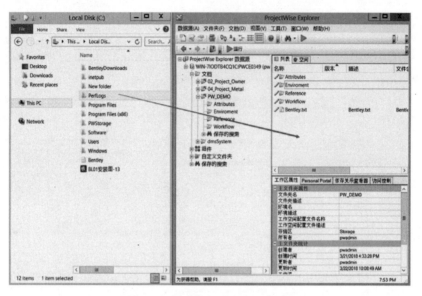

图 3.4-3　拖拽文件夹到列表空白处

步骤 2：在弹出的【导入目录】对话框中选择相应的选项，如【包括子目录】、【仅导入文件】、【导入并重命名副本】、设置文件夹选项等，如图 3.4-4 所示。

图 3.4-4　完成导入目录的设置

步骤 3：点击【确定】后，会出现目录导入进度条。目录导入完成后，按＜F5＞键或者在目录树中点击右键选择【刷新】，拖拽的目录就会显示出来。

● 方法 4(复制粘贴)

步骤 1: 在要复制的目录上点击鼠标右键,在右键菜单中点击【复制】,如图 3.4-5 所示。

图 3.4-5　复制目录

步骤 2: 在要粘贴的目录上点击鼠标右键,在右键菜单中点击【粘贴】,如图 3.4-6 所示。

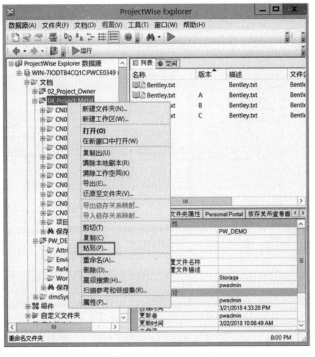

图 3.4-6　粘贴目录

步骤 3：在弹出的对话框中选择相应的选项，如【子文件夹】、【文档】、【复制文件夹工作流】等，如图3.4-7 所示。

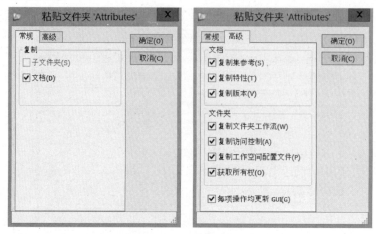

图 3.4-7　选择相应选项

步骤 4：选择选项后，点击【确定】按钮。复制目录成功。

3.4.2　文档的创建

文档的创建有三种方式：

● **方法 1**：直接将文件拖入到 ProjectWise 中，可以同时对多文件进行此操作。

步骤 1：在 Windows Explorer 中选择文件，按住鼠标左键，将选中的文件拖拽到 ProjectWise Explorer 文件列表中，如图3.4-8 所示。

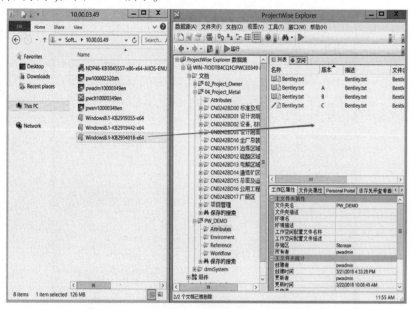

图 3.4-8　把文件拖拽到 ProjectWise Explorer 文件列表

步骤 2：弹出【选择向导】窗口，可以选择【无向导】或【高级向导】，如图3.4-9 所示。

步骤 3:选择【无向导】后,点击【确定】按钮,文件开始导入(图3.4-10)。如果选择【高级向导】,将按照向导逐步地进行文档的导入。

图3.4-9　【选择向导】界面　　　　　　　　　　　图3.4-10　文件导入

- **方法2:**在文档显示界面点击鼠标右键,点击【新建】→【文档】/【多个文档】。

步骤 1:在列表区域的空白处点击鼠标右键,在右键菜单选择【新建】→【文档】/【多个文档】,如图3.4-11 所示。

图3.4-11　在右键菜单选择【新建】→【文档】/【多个文档】

步骤 2:在弹出的【选择向导】对话框里选择【无向导】,如图3.4-12 所示。

步骤 3:在弹出的对话框(图3.4-13)中输入相应的选项。

步骤 4:点击【高级】按钮,在下拉列表里选择【导入】,如图3.4-14 所示。

图3.4-12　文档创建向导

图3.4-13　输入相应选项

图3.4-14　点击【高级】按钮,在下拉列表里选择【导入】

步骤 5:点击【保存】,然后点击【关闭】,将对话框关闭。创建文件完成。

● **方法 3**:在其他软件(Office、MicroStation、AutoCAD)中直接创建文件后保存到 ProjectWise 中。

案例

在 ProjectWise Explorer 中,新建一个以本单位名称命名的文件夹,并将 Dataset 文件夹及其子文件上传到该目录下,通过搜索操作,搜索数据源中所有文件名称中包含"dc"关键字的文件,如图 3.4-15 所示。

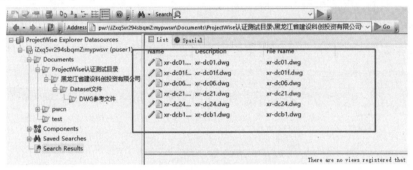

图 3.4-15　搜索结果

3.4.3　更改文档的默认双击事件

步骤 1:点击菜单中的【工具】→【选项】,弹出【属性对话框】,如图 3.4-16 所示。

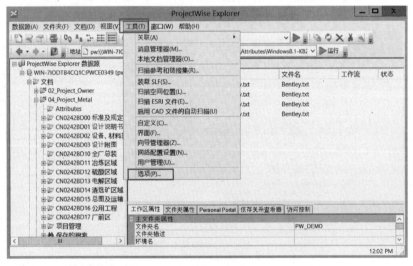

图 3.4-16　打开【属性对话框】

步骤 2:在弹出的对话框中点击【设置】标签页,点击【文档列表】→【双击动作】,如图 3.4-17所示。

步骤 3:双击【以只读方式打开】,弹出【Select 命令】窗口,根据个人的习惯选择默认双击事件,如图 3.4-18 所示。

步骤 4:点击【Select 命令】对话框上的【关闭】按钮。

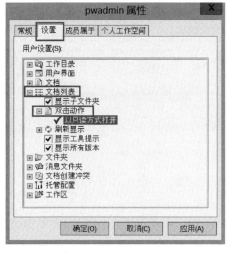

图 3.4-17　点击文档列表　　　　　　　　　图 3.4-18　选择默认双击事件

3.5　编辑修改文件

3.5.1　文档的检入/检出、更新服务器副本和释放

● 检出

在菜单栏中点击【文档】→【检出】。文档被检出后,文件从服务器下载到本地工作目录,用户可以对文档的属性以及文件内容进行修改编辑。其他用户若想查看该文档,只能以只读方式查看和复制到本地。对创建了多个版本的文档,只有激活状态下的版本可以被检出,历史版本只能以只读方式访问。

当用户检出文件,用于操作文件或复制文件以便查看时,可以采取不同的方式进行检出:用户可以从文件右键菜单中选择【检出】,或者双击该文件进行检出。默认情况下,双击启动【打开】命令,这是一个隐含的检出,因为文件必须检出才可以打开。

当文件的图标是✐时,表示文档已经检出,如图 3.5-1 所示。

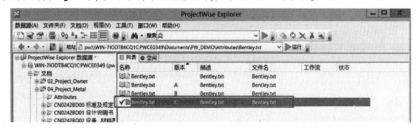

图 3.5-1　文档检出状态

检出的时候,在需要检出的文件(可选多个文件)上点击鼠标右键,选择【检出】,如图 3.5-2所示。

图 3.5-2　在需要检出的文件上点击鼠标右键

文档被检出的时候,其他用户的 ProjectWise Explorer 中该文件的图标为🔒,表明该文件处于锁定状态,其他用户只能以只读的方式打开。

- 检入

在菜单栏中点击【文档】→【检入】。文档检入是和检出状态对应的,只有被检出的文档,才可以进行检入操作。检入文档时,本地工作目录文档上传到文件服务器。用户在关闭一个打开的处于检出状态的文档后,自动打开【检入】对话框。在【检入】对话框中可以勾选【检入时创建新版本】。点击【取消】,可以保持文档检出状态,如图 3.5-3 所示。

图 3.5-3　【检入】对话框

- 更新服务器副本

在菜单栏中点击【文档】→【更新服务器副本】。只有当文档处于检出状态时,才可以进行更新服务器副本操作。更新服务器副本是将本地新修改的文件,复制到 ProjectWise 文件服务器上进行更新,而文档仍然保持着检出状态。

- 释放

在菜单栏中点击【文档】→【释放】。只有当文档处于检出状态时,才可以进行释放操作。

释放就是将当前检出状态的文档与服务器的联系切断,服务器文档的状态回到检入状态,而本地修改过的文档并不上传到文件服务器。当错检出了一个自己不想要打开的文档,或者由于文档被某个用户导出锁定、检出占用,而忘记导入、检入,都可以用文档释放操作。

3.5.2　文档状态图标的示例与说明

文档状态图标的示例与说明见表 3.5-1。

文档状态图标的示例与说明

表 3.5-1

图 标	含 义	图 标	含 义
	文件读写权限		项目文件夹
	文件只读权限		组建集合目录
	文件被锁定		存储的查询目录
	文件处于检出状态		存储的查询
	文件导出(本机)		组件目录
	文件标记为最终状态(只读)		ProjectWise Explorer 默认图标
	一个版本的最终状态		文档集合图标
	ProjectWise Explorer 的数据源		带有引用关系的 DGN 文件
	打开的数据源		带有链接集的 DGN 文件
	文件夹		带有参考关系的 DWG 文件

3.5.3　打开文档方式

在菜单栏中点击【文档】→【打开】,文档下载到本地工作目录,并用文档关联的应用程序打开该文档。如果用户有对文档进行编辑的权限,文档会以检出状态打开,关闭文档时系统自动打开文档【检入】对话框。默认情况下,鼠标双击文档就是以【文档】→【打开】方式打开文档,如图 3.5-4 所示。

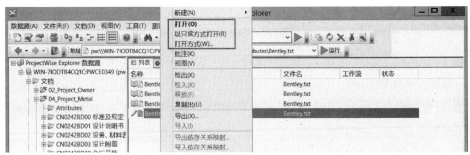

图 3.5-4　打开文档方式

在菜单栏中点击【文档】→【以只读方式打开】,文档以只读形式下载本地工作目录。

在菜单栏中点击【文档】→【打开方式】,可以选择所需要的应用程序或工具打开文档,也可以把文档拖拽到桌面,形成一个类似客户端的图标,通过桌面快捷方式打开文档,如图3.5-5所示。

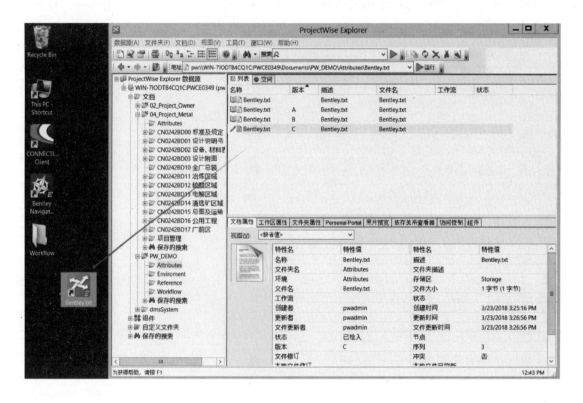

图3.5-5　通过桌面快捷方式打开文档

3.5.4　文档集的相关操作

文档是 ProjectWise 的首要管理对象。其名称在目录中必须唯一,可以附加文件和属性数据等。文档=数据记录+文件。

文档集是文档的逻辑集合,文档集中的文件只是源文件的链接,可以包含不同目录中文档,文档集不可以嵌套。通常把有关联的文档放到文档集进行管理。创建文档集的方法为:

步骤1:在 ProjectWise Explorer 列表空白处点击鼠标右键,在右键菜单中选择【文档集】→【新建】,如图3.5-6所示。

步骤2:在【创建文档集】对话框中输入名称(必填)及描述(可不填),点击【确定】,如图3.5-7所示。

步骤3:将需要加入的文件,拖拽到文档集中,关闭窗口,完成文档集创建,如图3.5-8所示。

图 3.5-6　点击鼠标右键创建文档集

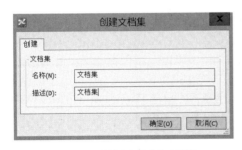

图 3.5-7　【创建文档集】对话框

图 3.5-8　添加文件到文档集

3.5.5　文档版本管理

ProjectWise 可以存储和管理文档的多个版本(备份)及其属性。新版本可以用任意的旧版本作为种子文件来创建。在新版本创建以后,旧版本维持最后检入的状态,并且不能被修改。只有最新的版本可以检出和修改。旧版本只能拷出,除非将旧版本设为最新版本。

● 新建版本

步骤1:在需要新建版本的文件上点击鼠标右键,点击右键菜单中的【新建】→【版本】,如图 3.5-9 所示。

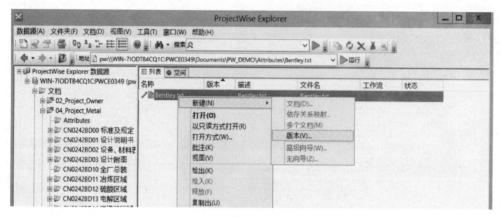

图 3.5-9 点击右键菜单中的【新建】中【版本】

步骤2:在弹出的【新建文档版本】对话框中输入版本号,后点击【确定】,完成一个新版本的建立,如图 3.5-10 所示。

图 3.5-10 完成新版本建立

步骤3:建立的新版本如图 3.5-11 所示。

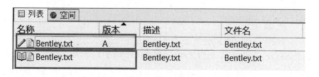

图 3.5-11 新版本

● 降低版本

步骤 1：在需要降低版本的文件上点击鼠标右键，点击右键菜单中的【新建】→【版本】，如图 3.5-12 所示。

图 3.5-12　点击右键菜单

步骤 2：在弹出的【新建文档版本】对话框中，点击【编辑】按钮，然后选中需要激活的版本，最后点击【修改】按钮，如图 3.5-13 所示。

图 3.5-13　版本激活

步骤 3：点击【OK】按钮，确定将选择的版本激活，如图 3.5-14 所示。

步骤 4：恢复后的结果如图 3.5-15 所示。

图 3.5-14　点击【OK】按钮　　　　　　　　　图 3.5-15　版本恢复完成

● 检入文档时创建版本

在检入文档时勾选【检入时创建新版本】，如图3.5-16所示。

图3.5-16　检入时创建新版本

3.5.6　历史记录

历史记录功能允许系统追踪和记录所有对文档的访问信息。该功能在 ProjectWise 数据源中记录了所有的文档访问数据。

● 查看历史记录

步骤1：右键点击文档，选择【属性】，如图3.5-17所示。

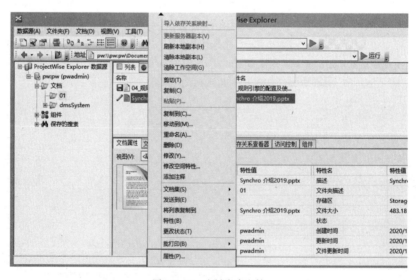

图3.5-17　右键点击文档

步骤2：在弹出的窗口中选择【审核跟踪】标签页，如图3.5-18所示。历史记录可以另存为 HTML 页面或文本文件，可通过可用的打印机打印。

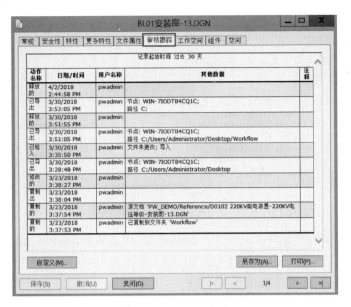

图 3.5-18　选择【审核跟踪】标签页

- 自定义报告

【自定义报告】对话框用来设置报告的动作类型、用户或日期。

【动作】标签页可选择所有需要查看的操作动作,也可以勾选【显示全部动作】,如图 3.5-19 所示。

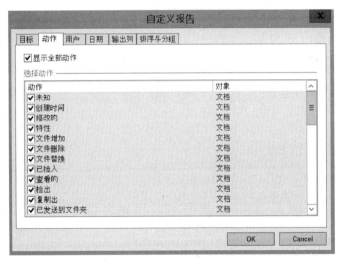

图 3.5-19　设置报告动作类型

【用户】标签页可以选择需要查看的某个用户的操作日志,只有管理员分配了【查看其他用户日志】的权限才生效。点击【添加】按钮选取用户,如图 3.5-20 所示。

【日期】标签页可以选择查看具体时间段的日志记录,如图 3.5-21 所示。

【输出列】标签页可以设置输出到日志报告的详细列,通过点击中间的箭头来实现添加、删除和排序(图 3.5-22)。勾选【新窗口打开报告】可在新窗口打开日志报告。

图 3.5-20　设置报告用户类型

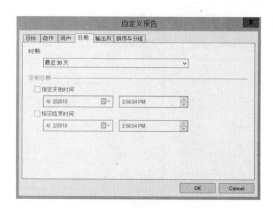

图 3.5-21　设置报告日期类型

【排列与分组】标签页用于对日志报告进行排序,可以根据需要添加次要排序方式,也可以按条件分组排序显示日志,如图 3.5-23 所示。

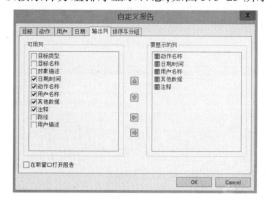

图 3.5-22　设置报告输出列类型

图 3.5-23　设置报告排列与分组

3.6　查询检索

3.6.1　点击寻找相应目录

按照文件存储顺序,一级一级点击目录进行查找,直至找到对应的文件,如图 3.6-1 所示。

3.6.2　使用类似 Google 搜索引擎的快速搜索

步骤 1:在【搜索】工具栏(图 3.6-2)输入查询内容。

步骤 2:按 < Enter > 键或者点击绿色按钮,即可查询。如果没有通配符"＊",进行精确查询;如果包括通配符"＊",则进行模糊查询,即搜索包含查询内容的所有文件。

3.6.3　按表搜索

步骤 1:点击 🔍 按钮,如图 3.6-3 所示。

步骤 2:在弹出的【选择搜索定义对话框】中选择【搜索窗口】,如图 3.6-4 所示。

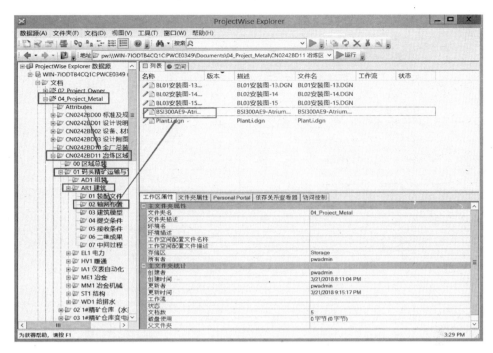

图 3.6-1　按照文件存储相关顺序

图 3.6-2　搜索查询

图 3.6-3　点击 🔍 按钮

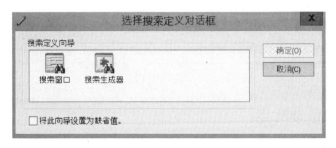

图 3.6-4　搜索定义对话框

步骤 3:弹出【按表搜索】窗口,如图 3.6-5 所示。

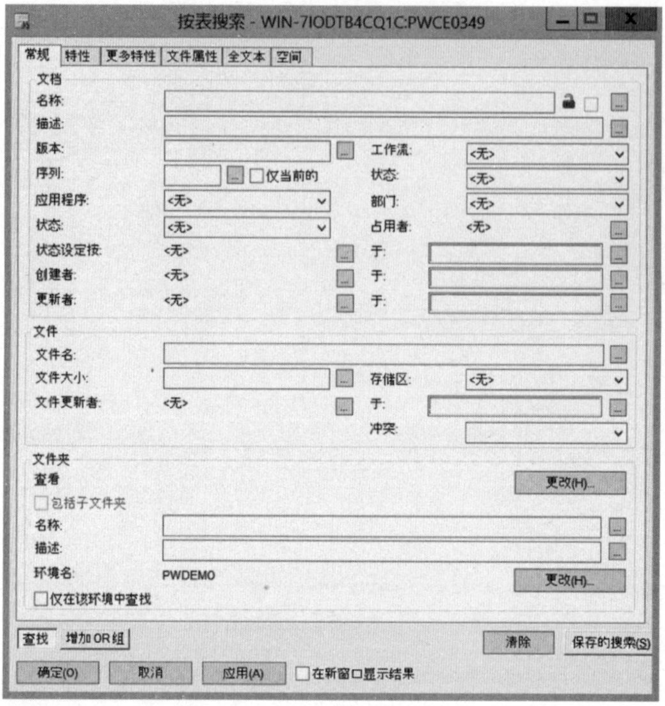

图 3.6-5　按表搜索

步骤 4:根据查询项,输入查询内容。

步骤 5:点击【确定】,即可进行查询。

步骤 6:全文本检索如图 3.6-6 所示。

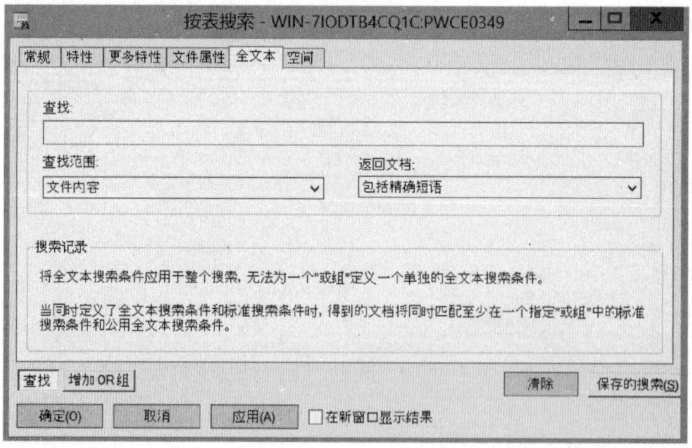

图 3.6-6　【全文本】标签页

3.6.4　保存搜索结果

一般将搜索结果保存在个人文件夹,如图 3.6-7 与图 3.6-8 所示。

图 3.6-7　保存搜索结果　　　　　　　　　图 3.6-8　保存搜索结果到个人文件夹中

3.7　个人文件夹的使用

个人文件夹只展现在自己的客户端,其他用户无法看到和访问。默认的自定义文件夹是不显示的,需要在管理员端进行配置。

步骤 1:点击菜单栏中的【工具】→【选项】,在弹出的属性窗口中选择【设置】标签页,双击【自定义文件夹】,勾选【显示自定义文件夹】,如图 3.7-1 所示。

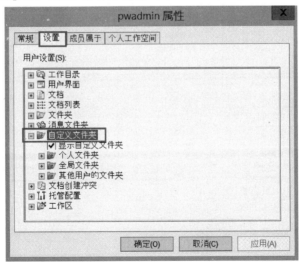

图 3.7-1　显示自定义文件夹

步骤2：点击【确定】，ProjectWise Explorer 会显示个人文件夹，如图 3.7-2 所示。

图 3.7-2　显示个人文件夹

启用个人文件夹后，可在目录树中选择【个人文件夹】或其他用户的文件夹。通过点击菜单栏中的【文件夹】和目录树弹出菜单中的【创建】，用户可创建新的个人文件夹，如图 3.7-3 所示。

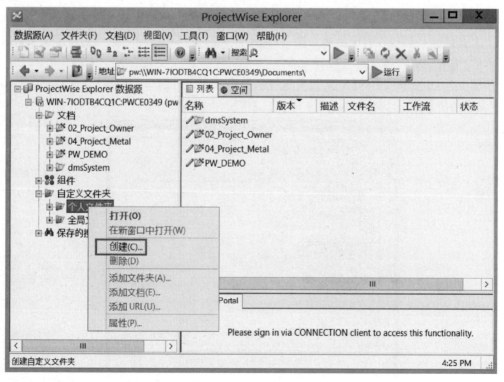

图 3.7-3　创建个人文件夹

创建个人文件夹后,可以删除个人文件夹、向个人文件夹添加文件夹/文档等。可以选择拖拽的方式添加文件,如图 3.7-4 所示。

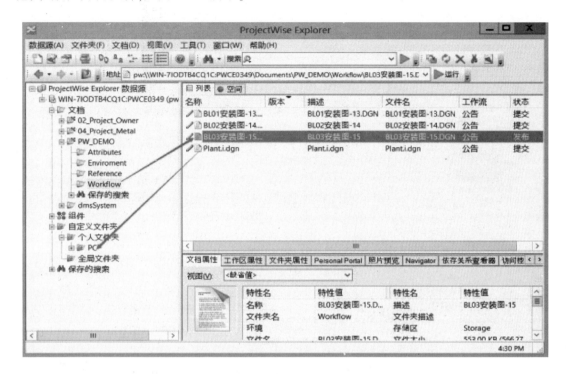

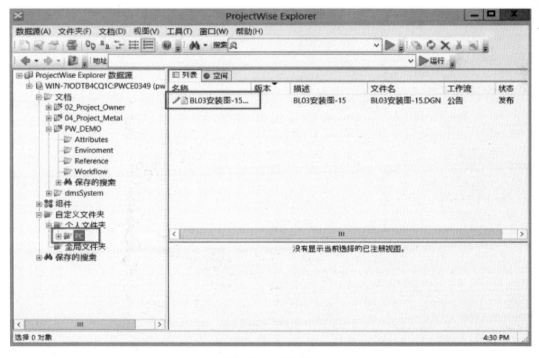

图 3.7-4　添加文件

删除文件时须谨慎操作,个人文件夹是与源文件夹关联的,当删除个人文件夹下的文档时,源文件也被删除,如图 3.7-5 所示。

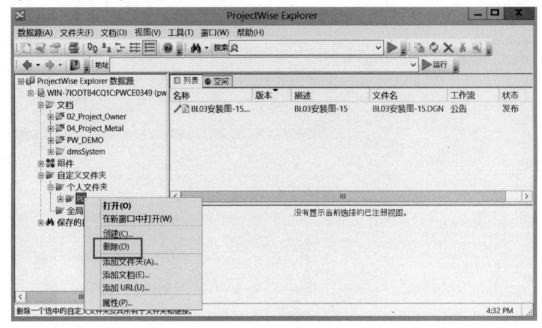

图 3.7-5　删除文件

第4章 ProjectWise Explorer 高级功能

4.1 ProjectWise Explorer 配置

在 ProjectWise Explorer 中可对文档列表选项和文档创建冲突选项进行设置，如图 4.1-1 所示。

4.1.1 文档列表

- 【显示子文件夹】

可以显示文档子文件夹。

- 【双击动作】

可选择【检出】、【拷贝到文件夹】、【导入到文件夹】、【标记】、【修改】、【新版本】、【打开】、【以只读方式打开】、【打开方式】、【查看】。

- 【刷新显示】

可选择【按命令】、【操作后】、【操作期间】刷新，如图 4.1-2 所示。

图 4.1-1 选项设置

图 4.1-2 【刷新显示】设置

如果选择【按命令】,将禁用 ProjectWise Explorer 的自动刷新,用户必须通过从【视图】选择【刷新】或按下 <F5> 键刷新。

如果选择【操作期间】,则应用窗口在处理操作完成后刷新。例如,如果用户查验许多文档,文档列表中的状态和图标直到检出文档之后才改变。

4.1.2　文档创建冲突

当用户在 ProjectWise Explorer 中移动或复制一个文档的时候,可能产生文档创建冲突。在用户没有采用【新建文档向导】的情况下,当用户把一个文件输入 ProjectWise 时,可能产生文档创建冲突。

文件创建冲突选项分为【动作】、【新建版本】和【新建文档】三部分,图 4.1-3 所示。

● 【缺省操作】

【缺省操作】有 3 个选项,即【跳过文档】、【创建新版本】、【创建新文档】,如图 4.1-4 所示。

图 4.1-3　【文档创建冲突】设置 　　　　　　　　图 4.1-4　缺省操作

勾选【跳过文档】:如果输入或者复制文档,且其中的一个文档的版本存在于目标文件夹中,则跳过该文档的输入/复制。

勾选【创建新文档】:如果输入/复制文档,且其中的一个文档的版本存在于目标文件夹中,则创建新文档。

勾选【创建新版本】:如果输入/复制文档,且其中的一个文档的版本存在于目标文件夹中,则创建新版本。

● 【新建版本】

在【新建版本】中有【版本字符串格式】、
【应用源文档特性】、【删除目标文档特性】、【应
用源文档的文档名】、【应用目标文档的文件
名】、【显示"定义版本规则"对话框】。设置版
本字符串格式方法如下：

步骤 1：打开【新建版本】中的【版本字符串
格式】，如图 4.1-5 所示。

步骤 2：双击空白处，弹出【输入格式】对话
框，如图 4.1-6 所示。

步骤 3：点击 ⬚⬚⬚ 按钮，在【定义格式】对话
框中选择合适的字符串格式，如图 4.1-7 所示。

图 4.1-5　版本字符串格式

图 4.1-6　【输入格式】对话框

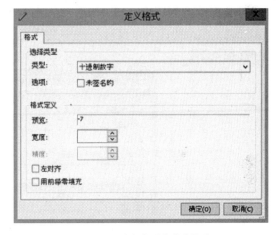

图 4.1-7　选择合适字符串格式

4.2　权限的分配管理

4.2.1　访问控制概念

访问控制就是对所有用户在一个 ProjectWise 数据源中对工作区/文件夹和文档的访问权
限进行管理的机制。在没有任何授权的情况下，允许所有用户完全控制（增加、删除、读取、修
改等）工作区/文件夹、文档。当赋予某个用户访问权后，其他用户则不可以访问，这是一种排
他的访问规则。

● 工作区/文件夹、文档权限

ProjectWise 对工作区/文件夹和文档权限进行独立管理，需要用户分别对工作区/文件夹

和文件夹内的文档进行授权设置。

- 工作流权限

工作流权限是工作流状态下工作区/文件夹和文档的实际权限。

注意：工作流状态下的权限优先级别比工作区/文件夹、文档权限高。可以对工作区/文件夹和文档设置"无权访问"的权限，无权访问的优先级别是最高的。例如，对于一个文档，先授权 A 用户读、写、删除三个权限；然后，把工作流的草稿状态加到该文档上，在草稿状态下授权 A 用户读的权限，这时 A 用户访问该文档，只有读权限，而没有写和删除权限；最后，将 A 用户对这个文档的权限设置为【无访问权限】，那么用户就再也看不到该文档，之前的两次授权将不起作用。

4.2.2 客户端设置

- 文件夹属性

点击菜单栏中【文件夹】→【属性】，在弹出的【文件夹属性】窗口的【工作区\文件夹安全性】标签页中，点击【添加】添加用户，在右侧勾选授权项（图 4.2-1）。完成权限设置后，点击【Apply】。权限更改可以仅对所选中文件夹进行更改，也可以对文件夹及其子文件夹都进行更改（图 4.2-2）。

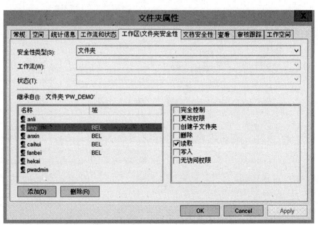

图 4.2-1　改变权限

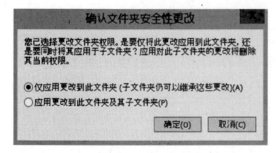

图 4.2-2　文件夹权限

- 使用授权控件设置权限

在文档预览框中选择【访问控制】标签页，如图 4.2-3 所示。

图中各图标的含义为：

➕:在文件夹或文档权限中添加用户。

➖:选中控件最左侧用户，从文件夹或文档权限中移除用户。

图 4.2-3　访问控制

![提交权限图标]:提交权限修改。如果没对权限进行调整,按钮为灰色。

![应用授权图标]:将当前授权设置应用到另外工作区\文件夹。

![Excel图标]:通过 Excel 文件导出\导入授权。

![停靠图标]:将访问控制控件停靠在文档预览框中,用户可以通过直观方式进行工作区/文件夹或文档权限设置。

4.2.3　用户/组管理工具

用户可以通过用户、组进行分类管理和授权。组的成员只能是用户账号,用户列表成员可以是用户账号、组和其他用户列表。换句话说,用户列表可以嵌套组和其他用户列表。组和用户列表都需要通过 ProjectWise Administrator 进行创建。

点击【工具】→【用户管理】,弹出【用户/组管理】窗口,在这里可以方便地对工作区\文件夹和文档权限进行管理,如图 4.2-4 所示。

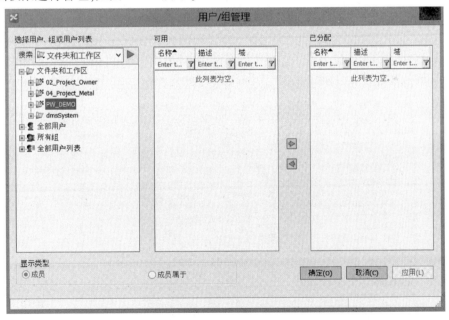

图 4.2-4　文件夹和文档权限管理

【用户/组管理】窗口左侧,【文件夹和工作区】显示已经授权的文件夹的信息,用户对某个文件夹授权情况可以搜索出来;【全部用户】显示系统的所有用户列表;【所有组】显示系统全部的组;【全部用户列表】显示系统全部用户列表。

【用户/组管理】窗口中间的【可用】列表,显示可以添加的组和用户列表信息。

【用户/组管理】窗口右侧【已分配】列表,显示用户所在组和用户列表。

要添加或删除组/用户列表中的成员,步骤如下:

步骤 1:例如勾选图 4.2-5 中用户 anli,【可用】列表列出组和用户列表,【已分配】列表列出用户所在组和列表。

步骤 2:添加用户到群组,选中图 4.2-5 中【可用】列表里的 BIM,点击绿色箭头,添加到【已分配】列表中,点击【应用】按钮。

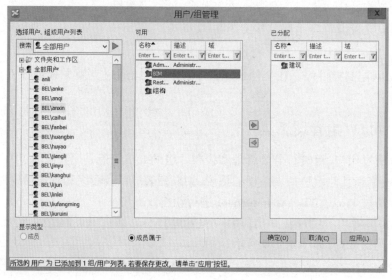

图 4.2-5　组/用户列表中成员的添加或删除

步骤 3:删除组和列表中成员。如图 4.2-6 所示,选中【所有组】中的 BIM 群组,可以把能加入该群组用户全部显示在列表中;选中【已分配】列表中的 anxin 用户,点击绿色箭头,删除该群组成员。

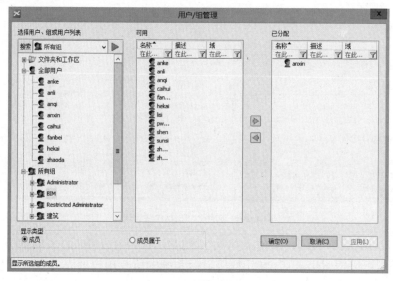

图 4.2-6　删除组和列表中成员

4.3　视图的使用

视图分为个人视图和全局视图。个人视图由用户自己创建和维护,只有视图的创建者才可以使用该视图。全局视图只能由管理员创建和维护,所有用户都可以调用全局视图来显示文件列表框中的属性。

4.3.1　创建视图

步骤 1:点击菜单栏中的【视图】→【管理视图】,弹出【管理视图】对话框,如图 4.3-1、图 4.3-2 所示。

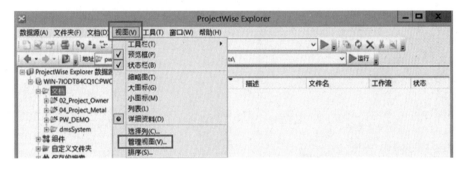

图 4.3-1　点击菜单栏中的【视图】→【管理视图】

步骤 2:在【管理视图】对话框中点击【新建】,打开【创建视图】对话框,如图 4.3-3 所示。在【视图名称】栏输入视图名称。在【选择环境】栏可以选择环境的属性作为显示项。展开左侧【基本列】、【文件夹列】和【环境】前的"+",选择需要的属性,添加到右侧列表中,中间的绿色箭头可实现视图的属性添加、移除和排列顺序功能,如图 4.3-4 所示。

图 4.3-2　【管理视图】对话框　　　　　　　图 4.3-3　【创建视图】对话框

　　若管理员勾选【创建视图】对话框中的【对全部用户可用】选项,那么创建的视图为全局视图。按【确定】完成视图创建。

4.3.2　复制视图

　　点击菜单栏【视图】→【管理视图】,弹出【管理视图】对话框,在【打开现有视图】中选中视图,点击【复制】,把选中的视图的显示项复制到新视图,如图 4.3-5 所示。

图 4.3-4　添加属性　　　　　　　　　　　　图 4.3-5　复制视图

4.3.3　修改视图

　　点击菜单栏【视图】→【管理视图】,弹出【管理视图】对话框,在【打开现有视图】中选中视图,点击【修改】,可以对视图进行修改。

4.3.4　删除视图

　　点击菜单栏【视图】→【管理视图】,弹出【管理视图】对话框,在【打开现有视图】中选中视图,点击【删除】,可以删除视图。

4.3.5　显示全局

　　管理员对全局视图进行删除、修改和复制,需要勾选【显示全局】。

4.4　环境、属性和界面的使用

　　在 ProjectWise 中,"环境"可以理解为自定义表、自定义用户显示界面。常用的环境有:备忘录、项目属性、合同文件环境、会议纪要、设计成品环境、文本文件等。

　　"属性"可以理解为自定义字段,用于识别或描述文档的参数。每个 ProjectWise 文档可以有 0、1 或多个属性。

"界面"是一组属性的集合,可以设置不同的界面供用户选择。

4.4.1　环境的挂接

步骤 1:选中文件夹,右键点击,选择【属性】,如图 4.4-1 所示。

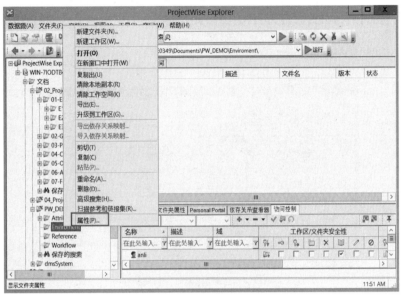

图 4.4-1　右键菜单选择【属性】

步骤 2:弹出【文件夹属性】对话框,在【常规】标签页选择适合自定义的环境,点击【OK】,如图 4.4-2 所示。

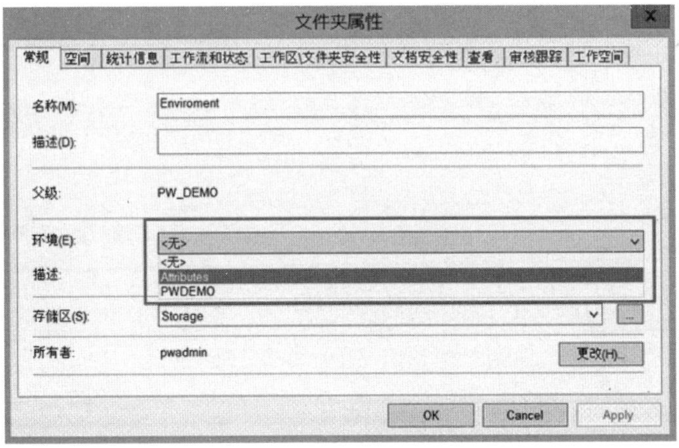

图 4.4-2　选择环境

4.4.2　属性和界面

步骤 1:挂接环境之后,可查看属性。查看属性须先点击【视图】→【工具栏】→【界面】,如图 4.4-3 所示。之后,【界面】工具栏显示在 ProjectWise Explorer 中,见图 4.4-4。

步骤 2:右键点击文件,在右键菜单中选择【属性】,如图 4.4-5 所示。

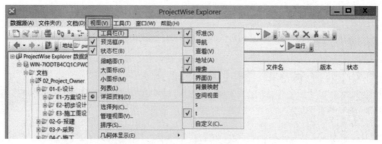

图 4.4-3　打开【界面】工具栏

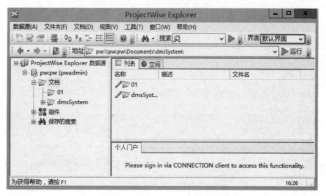

图 4.4-4　显示【界面】工具栏

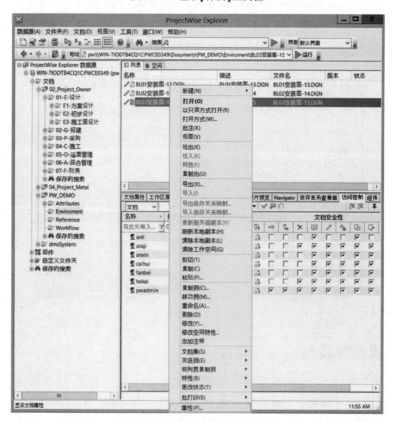

图 4.4-5　选择属性

步骤 3：在弹出的对话框中，点击【特性】标签页，预览相应的属性，如图 4.4-6 所示。

图 4.4-6　预览属性

4.5　ProjectWise 消息机制的使用

消息文件夹能够让 ProjectWise 的使用者查看已发送和接收的邮件内容。消息文件夹在 ProjectWise Messenger 中，默认情况下不显示。如果用户想要显示消息文件夹，步骤如下：

步骤 1：点击菜单栏的【工具】→【选项】，如图 4.5-1 所示。

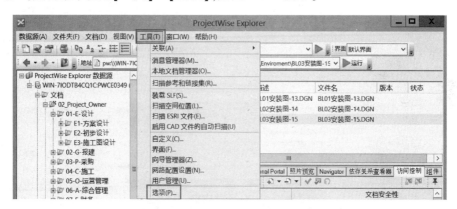

图 4.5-1　点击菜单栏的【工具】→【选项】

步骤 2：在弹出的【属性】对话框里点击【设置】标签页，找到【消息文件夹】并展开，如图 4.5-2 所示。

步骤 3：勾选【显示消息文件夹】，如图 4.5-3 所示。

步骤 4：设置完成，ProjectWise Explorer 显示消息文件夹，如图 4.5-4 所示。

每个用户都拥有自己的消息文件夹，其名称为用户的用户名。默认情况下，消息文件夹包含【收件箱】文件夹、【发送条目】文件夹和【全局文件夹】文件夹。

当【收件箱】中收到一个新的消息，ProjectWise Explorer 通知"您已收到新的消息，需要阅读吗？"通过 ProjectWise 信使发送的邮件的副本自动保存到【发送条目】文件夹。【全局文件夹】是所有用户都可见的邮件文件夹。在【全局文件夹】下,如果用户设置允许,可以创建所有用户都可以访问的文件夹,所有用户都可以在其中存储所有人都可以访问的消息。用户可以打开、回复、转发或删除任何消息,可以把任何消息移动到私人文件夹中;如果用户设置允许,也可以把它们移动到【全局文件夹】。如果消息含有一个附加文档的链接,可以在消息中右键点击附件,在它上面执行操作就像在 ProjectWise 文件夹中对文档的操作一样。

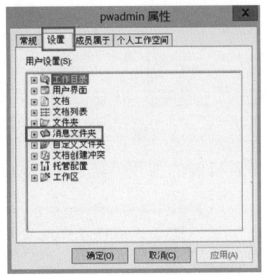

图 4.5-2　消息文件夹

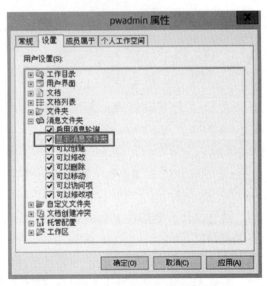

图 4.5-3　勾选【显示消息文件夹】选项

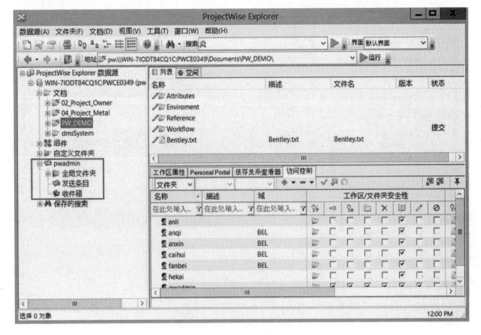

图 4.5-4　设置完成

可点击【工具】菜单中的【消息管理器】,管理和发送消息,如图 4.5-5 所示。

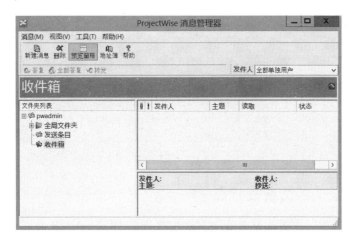

图 4.5-5 消息管理器

4.6 工作流和状态的应用

工作流名称及状态由管理员预先定义,然后通过客户端把具体工作流应用到工作区\文件夹。在赋予了实际工作流的文件夹内的文档状态和工作流的每个阶段对应,而用户对工作流的各个状态,有不同的文档访问权限。

4.6.1 配置项目\文件夹的工作流

点击【文件夹】菜单→【属性】,在弹出的【文件夹属性】窗口中点击【工作流和状态】标签页,把工作流添加到文件夹,如图 4.6-1 所示。

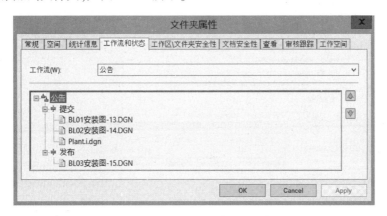

图 4.6-1 配置工作区\文件夹的工作流

4.6.2 更改文档状态

在工作流文件夹中选中文档,点击【文档】菜单→【更改状态】→【下一步】,把文档改到工作流的下一个状态(点击【上一步】可把文档改到工作流的前一个状态),如图 4.6-2 所示。如果当前文档在工作流的第一个状态,则只能改到下一个状态。如果文档在工作流的最后一个状态,则只能回到前一个状态。

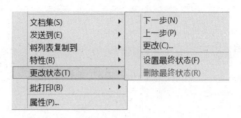

图 4.6-2　更改状态

4.6.3　设置文档的最终状态

点击【文档】菜单→【更改状态】→【最终状态】,则文件将以最终状态图标标示,如图 4.6-3 所示。

BL01安装图-13.DGN	BL01安装图-13.DGN	BL01安装图-13.DGN　发布
BL02安装图-14.DGN	BL02安装图-14	BL02安装图-14.DGN　发布
BL03安装图-15.DGN	BL03安装图-15	BL03安装图-15.DGN　发布
Plant.i.dgn	Plant.i.dgn	Plant.i.dgn　发布

图 4.6-3　最终状态

将文档设置为最终状态,所有用户对该文档只有只读权限。如果需要对该文档进行重新修改,需要管理员删除文档的最终状态。

4.7　与 Outlook 邮件系统的集成应用

可以在 ProjectWise Explorer 的安装程序中选择与 Outlook 集成。如果在安装时不确定是否进行集成,可以在安装后运行 ProjectWise Explorer 的安装程序进行修改,如图 4.7-1、图 4.7-2 所示。

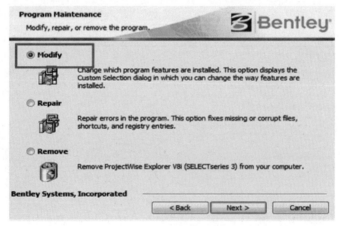

图 4.7-1　与 Outlook 集成

与 Outlook 集成之后,打开 ProjectWise Explorer,选择要发送的文档,右键点击,在邮件菜单选择【发送到】→【邮件接受者】,系统会自动调用 Outlook,如图 4.7-3 所示。

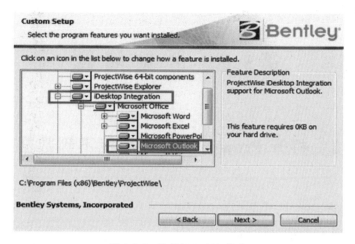

图 4.7-2　选择与 Outlook 集成

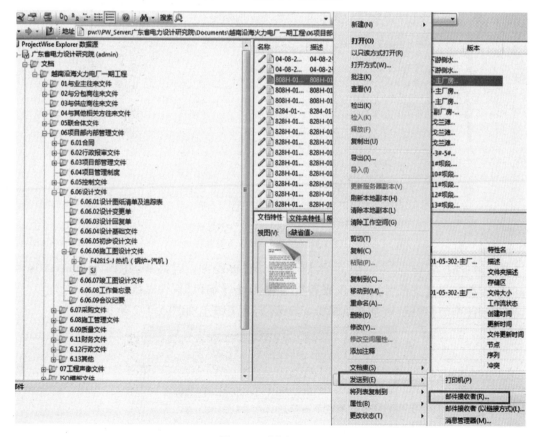

图 4.7-3　调用 Outlook

第5章 常见问题

5.1 打开 ProjectWise 之后找不到数据源

解决方案：

①检查网络是否正常。

②检查 ProjectWise 网络设置是否正常。

③如果直接访问服务器，查看是否在同一个网段。

④点击【工具】→【网络配置设置】，如图 5.1-1 所示。

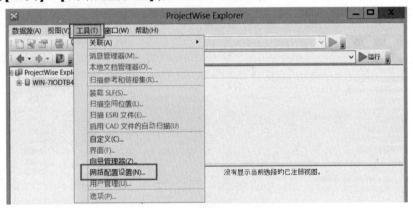

图 5.1-1　打开【网络配置设置】

⑤在【网络配置设置】界面中，点击【DNS 服务】标签页，在【名称】中输入 ProjectWise Explorer 服务器名，在【主机名】中输入服务器的 IP 地址，【端口】保持默认。

⑥点击【添加】按钮，信息添加成功。勾选【防止 UDP】，如图 5.1-2 所示。

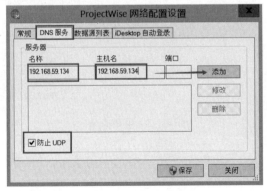

图 5.1-2　添加 IP 地址

⑦重启 ProjectWise Explorer。

5.2　需要修改的文件被锁定

解决方法：

①检查文件是否处于检出状态。

②如果是检出状态，可以查看检出人（占有人）是谁。

③给检出人发 ProjectWise 消息或者直接联系该人，请求其将文件检入或者释放。

④如果联系不到检出人，可以请求管理员将该文件释放。

5.3　文件不能进行编辑或删除

解决方法：

①查看该文件的权限。右键点击该文件，点击【属性】→【权限】，查看自己是否有写文件权限。

②如果没有写文件权限，就不能进行修改。如果需要，可以联系管理员进行设置。

5.4　切换中英文界面

解决方法：根据该文档的中英文切换方法进行设置。

5.5　快速搜索结果为空

解决方法：

①查看输入的条件是否准确。

②如果不能确定文件的确切名称，需要使用通配符"＊"（如"＊电柜＊"，表示查询所有文件名中含有"电柜"的文件）。

③确认是否有权限查询该文件。

5.6　看不到想看的列信息

解决方法：

①查看视图中是否有需要显示的视图选项。

②如果没有自定义的视图，可以创建自己定义的视图。

5.7　不能创建文件或者目录

解决方法：

确认是否有在该目录创建文件或者文件夹的权限。如果没有，就不能进行相应的创建操作。如果需要,可以联系管理员进行设置。

5.8 能看见文件条目信息但不能打开文件

解决方法:

确认自己是否对该文件有读文件的权限。如果没有,就不能读取该文件。如果需要读取该文件,可以找有修改权限的人员设置相应权限。

5.9 搜索条件丢失

解决方法:

①确认是否已保存搜索条件。

②确认将搜索条件保存在全局还是个人目录中。

③如果是项目,看看是否存在当前项目查询目录中。

5.10 检出、拷贝出的文件找不到

解决方法:

①打开工作目录。

②查找该文档属于哪个目录,以及目录的 ID 是多少。

③在工作目录中找到名为"dms + 目录 ID"的文件。

④如果在该文件夹找不到文件,重新检出或者拷贝出该文件。同时检查是否进行了清除本地副本的操作。

第二篇
ProjectWise
Administrator介绍

第1章　用户登录

1.1　管理员登录

当成功安装 ProjectWise Administrator 后，打开 ProjectWise Administrator，屏幕将出现如图 1.1-1 所示的界面。

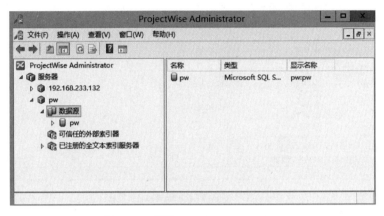

图 1.1-1　登录 ProjectWise Administrator

双击数据源或右键点击数据源选择【登录】即可登录，如图 1.1-2 所示。需要注意，要登录 ProjectWise Administrator，所用的用户账号需要加入 ProjectWise Administrator 管理员组。

当数据源新建成功后，创建数据源的用户即是 ProjectWise 管理员。管理员登录后，需要为 ProjectWise Explorer 添加用户，用户分为逻辑用户和 Windows 用户。逻辑账户的用户名和密码会保存在 ProjectWise 数据库中，管理员可以更改逻辑账户的密码；Windows 账户的用户名和密码不保存在 ProjectWise 数据库中，而是使用现有的 Windows 域账户的用户名和密码。这些账户的认证取决于使用者的 Windows 操作系统。

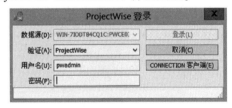

图 1.1-2　ProjectWise 登录窗口

另外，需要注意的是，ProjectWise 的用户名和密码是需要区分大小写的。

1.2　单点登录

如果用户是授权域用户且以域用户名登录操作系统，则双击目录后可自动以域用户名登录 ProjectWise Administrator。登录后 ProjectWise Administrator 界面如图 1.2-1 所示。

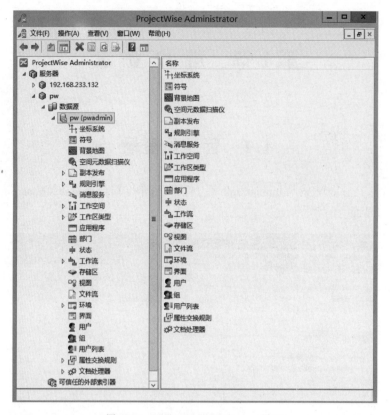

图 1.2-1　ProjectWise Administrator 界面

　　若管理员设置了单点登录,且用户有 Windows 域账户,并且已用该账户登录操作系统,可直接双击 ProjectWise Explorer 中的一个数据源进行自动登录。单点登录 ProjectWise Administrator 的 Windows 用户还必须是管理员组的成员。

　　单点登录在默认情况下是禁用的。若用户有启用单点登录到数据源的需要,可以打开 C:\Program Files\Bentley\ProjectWise\Bin\dmskrnl. cfg,找到特定的位置(以[DB0]、[DB1]等开头的位置),在结尾处输入"SSO = 1"。修改后无须重新启动 ProjectWise 集成服务器,修改即可生效。

第2章 应用程序

ProjectWise Administrator 的应用程序列表中应包含常用的应用程序,以便打开文档。创建数据源时,系统会根据 C：\Program Files\Bentley\ProjectWise\Bin 目录中的应用程序文件定义 appinfo. xml,将应用程序自动填充至下拉列表。

应用程序是一个可被搜索的属性,用户可在 ProjectWise Explorer 中执行搜索时选用,如图 2.0-1所示。

图 2.0-1 选择应用程序

2.1 关联应用程序

当用户在 ProjectWise Explorer 中打开一个特定的文档时,系统会自动启动预定义的程序,并将文件扩展名分配给一个应用程序,新建的文件会根据文件扩展名自动关联正确的应用程序。

若有实际的项目需求,用户也可以在打开、查看、批注或打印文件操作时选择其他应用程序,如图 2.1-1 所示。

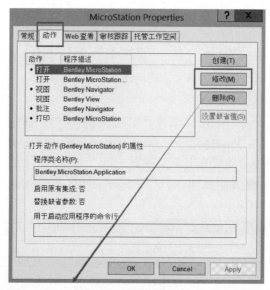

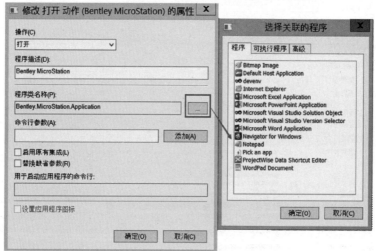

图 2.1-1　关联应用程序

2.2　添加应用程序

添加应用程序的方法有 2 种：

①在应用程序的空白处,鼠标右击并选择【新建】→【应用程序】。在【新建应用程序属性】对话框中输入要添加的应用程序名称。在【文件扩展名】一栏中,输入要与应用程序相关联的文件扩展名,然后点击【添加】。注意,扩展名称主要是字符,不要在扩展名中输入"."。

②选择【动作】标签,并点击【创建】。设置所需操作的动作选项(打开、查看等)。点击位于程序类型名称右侧的浏览按钮,从程序列表中选择要添加的应用程序,点击【确定】。启用设置应用程序的图标复选框。点击【确定】后关闭对话框。

2.3　设置应用程序默认图标

当用户定义 ProjectWise 的应用程序时,可以设置与 ProjectWise Explorer 中的应用程序文件最接近的默认图标。

以 Microsoft Word 为例,打开 Word 的属性对话框,在【常规】标签页中,选择【设置图标】,定位到 C:\Program Files\Microsoft Office\Office12,找到 WINWORD. EXE,点击出现的图标,选择【确定】,如图 2.3-1 所示。

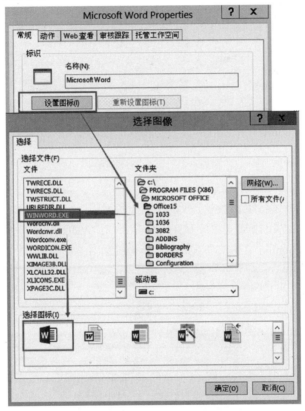

图 2.3-1　设置应用程序默认图标

在项目团队中,每个人的计算机环境不一样,这给团队协作造成障碍。可以将本地软件安装环境托管到 ProjectWise,这样就保证团队中每个人使用的软件环境都是一样的。下面以 AECOsim Building Designer CE 托管到 ProjectWise 为例。

步骤 1:找 AECOsim Building Designer CE 安装目录,如图 2.3-2 所示。该目录下各个文件夹的作用如下:

①Organization 文件夹:存储行业相关规范。

②Workspaces 文件夹:公司级别的配置信息。

③Datasets 文件夹:存储数据信息。

步骤 2:上传本地 Configuration 到 ProjectWise Explorer 里面,如图 2.3-3 所示。

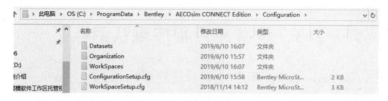

图 2.3-2　文件位置

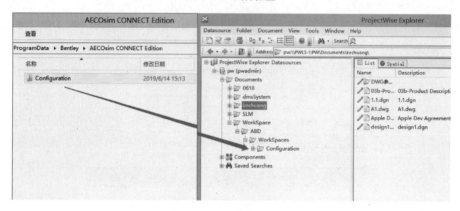

图 2.3-3　上传本地文件

步骤 3：ProjectWise 管理员端配置。

①系统级：软件自身运行默认变量，不做环境托管考虑。

②应用级：个性化配置，添加变量"_USTN_CONFIGURATION"，同时将路径指定到 Project-Wise Explorer 上 Configuration 文件夹下，如图 2.3-4 所示。

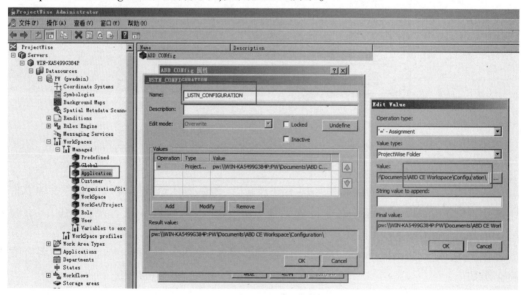

图 2.3-4　修改应用级配置

③项目级：添加变量"include"，同时将路径指定到 cfg 文件，如图 2.3-5 所示。

在 building template_CN 中加上下面几个配置：

_TF_WORKSPACEROOT = $ (_USTN_CONFIGURATION)

_USTN_WORKSET = $(_USTN_WORKSETSROOT)/

_USTN_WORKSETNAME = BuildingTemplate_CN

步骤4: 与项目进行挂接,在对应文件夹的【Workspace】添加应用级和项目级配置即可。

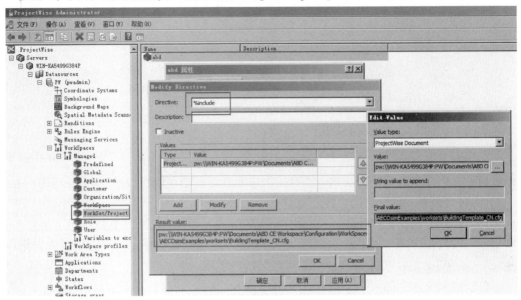

图2.3-5 修改项目级配置

第3章　用户,用户组,用户列表

3.1　用　　户

3.1.1　用户的定义与类型

为了访问 ProjectWise,每个用户需要一个账户。账户独一无二地指定了用户,并构成了授予权限和设置用户个人偏好的基础。所有的用户配置信息均存储在数据库中,并与用户 ID 关联。此外,对文档和文件夹访问的控制也是基于用户 ID。

用户类型分为两类:逻辑(Logical)用户和域(Domain)用户。用户类型不同于用户角色。用户角色由特权和访问权限决定,而不是由 ProjectWise 用户类型决定。用户类型决定用户如何登录 ProjectWise 与在 ProjectWise 中如何存储用户字段。

逻辑账户完全由 ProjectWise 指定,包括 ID、名称、描述和密码。域账户仅是指向 Windows 域账户的指针,能在 ProjectWise 中存储最少的信息。类似于文档和文件夹,ProjectWise 中的每个用户获得一个唯一的、永远不会重复的 ID。

3.1.2　创建新用户

用户由有权限的管理员在 ProjectWise Administrator 中创建并维护。创建新用户的过程为:在控制台树中右键点击【用户】,在弹出菜单中选择【新建】→【用户】,打开【新用户 Properties】对话框,如图 3.1-1 所示。

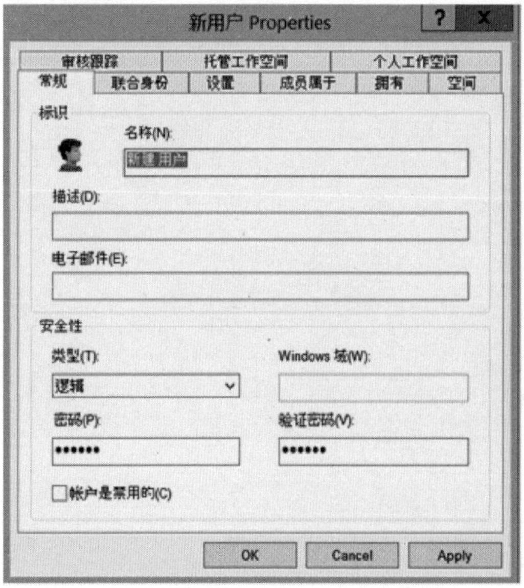

如果不设置密码,系统将用户密码自动设置为用户的登录名。

【账户是禁用的】选项可用来禁止特定用户登录。当管理员不允许某个用户登录,但又不想删除该账号时,可勾选此选项,这可以保证历史记录的完整性。

在设置用户属性时,要注意如下几点:【设置】标签页用于设置用户属性、权限和个人偏好的缺省设置;【成员属于】标签页用于将新用户添加到组和用户列表,还可以用来查看用户所属的组或用户列表;【托管工作空间】标签页显示了一系列的配置设置块,这些配置设置块能够在 ProjectWise 资源浏览器中赋予各种优先级;【个人工作空间】标签页作用是管理用户

图 3.1-1　新建用户

自己的工作空间。

可以在创建多个用户之前,定义缺省用户设置,之后每个新创建的用户将继承该缺省用户的权限和设置,非常方便。

3.2 用 户 组

类似于 Windows 用户组,用户可以创建具有相同访问要求的用户组。用户组就是简化的用户集合。用户可以给具有相同访问权限的文件夹和文档分配指定的用户组。

ProjectWise 管理员授予其他用户管理员权限的方法是将他们加到管理员组中。用户组的建立分为两步:①创建组;②增加用户。

3.2.1 创建用户组

在 ProjectWise Administrator 点击目录树中的【用户组】,选择新建组。在新建组【属性】对话框的【常规】标签页,输入新用户组的唯一名称。设置【类型】为逻辑组,点击【应用】,然后点击【确认】。

3.2.2 查看用户组及用户组成员

在【用户/组管理】对话框,可查看所有用户组及用户组的成员,如图 3.2-1 所示。

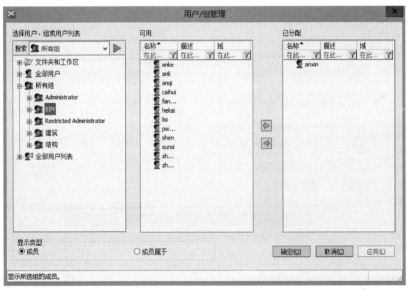

图 3.2-1 查看用户组及用户组成员

3.2.3 分配用户组的所有者

对于每一个用户组,管理员都可以为其设置用户组的所有者。设置用户组的所有者的好处是便于下放权限,即组所有者可以增减该组中的成员,而不需要管理员设置。

添加用户组的所有者的方式有两种。一种是右击要添加所有者的【组】节点,选择【属

图 3.2-2　添加组所有者

性】,在【所有者】标签页中点击【添加】,选中该组的所有者,点击【确定】,如图 3.2-2 所示。

另一种方法是,右击【组】节点,显示【用户/组管理】对话框,在组成员中找到要设置为组所有者的用户,右键点击,选择【设置所有者】,如图 3.2-3 所示。

3.2.4　添加受限管理员

在 ProjectWise Administrator 中,管理员可以添加受限管理员账号。受限管理员的作用主要是分担管理员的部分工作,如帮助管理员添加用户、设置工作流等。

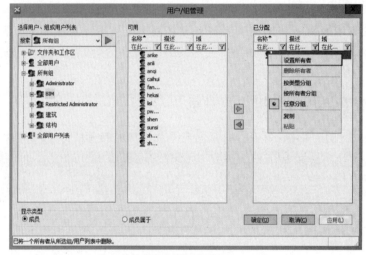

图 3.2-3　设置所有者

要添加受限管理员,管理员首先应该规划限制管理员的账号,然后在用户组中,找到 Restricted Administrator 用户组,右键点击,选择【属性】→【成员】,将指定的用户添加到该组,如图 3.2-4 所示。添加后,点击【OK】。

图 3.2-4　添加受限管理员账号

受限管理员管理某几个功能节点。因此,在将用户添加到 Restricted Administrator 组后,在某几个功能节点的【属性】对话框【细化安全性】标签页中添加用户。如需要受限管理员对工作流进行管理,则可以右键点击,选择【工作流】→【属性】→【细化安全性】,添加该受限管理员账号,并为该受限管理员设置权限,如图 3.2-5 所示。

添加完成后,可用该受限管理员账号登录 ProjectWise Administrator 进行查看,如图 3.2-6 所示。

图 3.2-5　设置受限管理员权限

图 3.2-6　查看

3.3　用　户　列　表

用户列表与用户组类似,但用户列表可以包括用户、用户组甚至其他用户列表的任何组合。

用户列表分为"访问用户列表"和"邮件用户列表"两种。"访问用户列表"是针对具有相同访问权限的文件夹或文件设置的,该列表可以包括用户、用户组、用户列表;"邮件用户列表"用于 ProjectWise 内部消息发送系统。用户列表的创建方式与用户组类似,分为两步:首先新建一个用户列表,输入【用户列表名称】、【描述】和【类型】等;然后把相关的用户、用户组和用户列表添加到列表中。

3.3.1　按组/用户列表选定用户

在 ProjectWise Administrator 中,右键点击【用户】时,会出现【按组/列表选择用户】窗口,可以帮助用户通过选择特定组或用户列表来查找其中的所有用户,如图 3.3-1 所示。

点击【选择】按钮,切换到管理员端界面后,存在于该组的成员会高亮显示。用户列表的用法也一样,如图 3.3-2 所示。

【按组/列表选择用户】窗口可以用来统一修改用户组或用户列表的属性设置。

可以通过【按组/列表选择用户】将用户或

图 3.3-1　查看所有用户

者用户组数据导出为 txt 或 csv 格式文件,如图 3.3-3 所示。

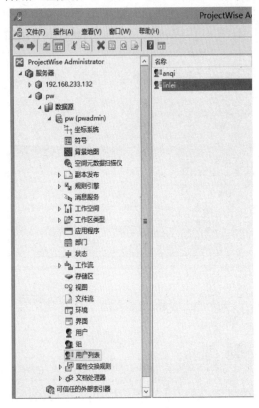

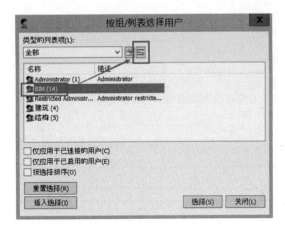

图 3.3-2 用户列表　　　　　　　　　　　　　　图 3.3-3 导出文件

 案例

通过权限的控制,本项目不同的专业可以看见所有的模型和文档信息,相同的专业可以操作本专业的文件。以海淀 500kV 项目为例,如图 3.3-4 所示。

步骤 1:在 ProjectWise Administrator 分别设置用户列表、组、用户。

设置用户,如图 3.3-5 所示。

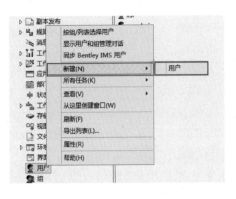

图 3.3-4 海淀项目　　　　　　　　　　　　　　图 3.3-5 添加用户

设置组,将不同的人员添加到不同的组当中,如图3.3-6、图3.3-7所示。

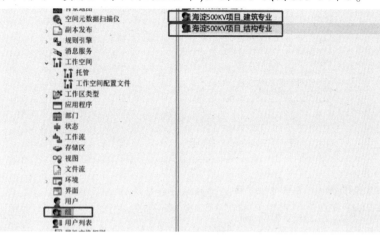

图3.3-6　添加不同组

设置用户列表,将用户组添加到用户列表中,如图3.3-8所示。

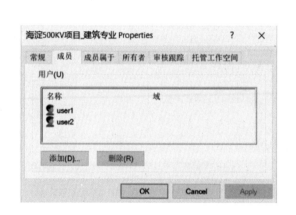

图3.3-7　组中添加人员

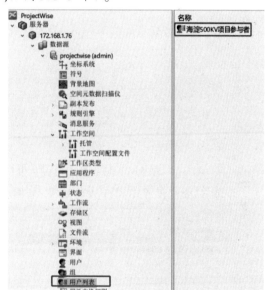

图3.3-8　用户组添加用户列表

步骤2:在ProjectWise Explorer中设置对应的权限。

为项目设置用户列表,如图3.3-9、图3.3-10所示。

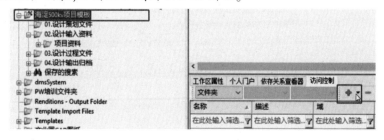

图3.3-9　访问控制权限

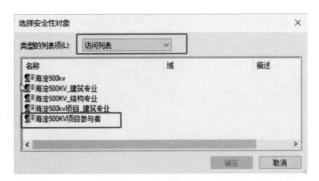

图 3.3-10　选择项目参与者

只赋予读的权限，如图 3.3-11 所示。

图 3.3-11　赋予读的权限

勾选【将更改应用于此工作区、子文件夹和子工作区】，如图 3.3-12 所示。

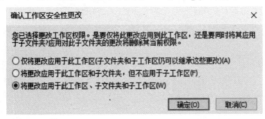

图 3.3-12　权限应用于工作区、子文件夹和子工作区

步骤 3：分别设置不同专业的权限，如图 3.3-13 所示。

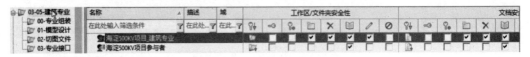

图 3.3-13　设置不同专业权限

勾选【应用更改到此文件夹及其子文件夹】，如图 3.3-14 所示。

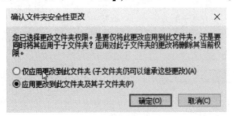

图 3.3-14　将应用更改到此文件夹及其子文件夹

第 4 章 存 储 区

4.1 存储区的组织结构

存储区是位于 ProjectWise 集成服务器或 ProjectWise 文件缓存服务器的磁盘驱动器上的空间。这些空间上的文件由 ProjectWise 管理和控制。存储区由 ProjectWise 管理员创建。存储区可以根据需求进行创建,可以小到每个文件夹有一个存储区,也可以创建任意多的存储区。

当用户创建一个文件夹或一个项目时,必须指定一个存储区。用户可以设置缺省的存储区,缺省的存储区将在新的文档添加到文件夹或项目中时使用。管理员可以随时改变文件夹或项的存储位置,但已经存在的文档仍存储在它们以前的存储区内。需要注意的是,一旦为某个文件夹或项目分配了缺省的存储区,最好不要再改变它;如果改变,将会发现同一个逻辑位置(文件夹或项目)的文件存储在多个位置。当剩余存储空间少而又马上需要添加文件且没有时间移动当前存在的存储区到新的位置时,才可以更改存储区。

在项目的创建初期,管理员应该对项目以后的容量做一个预估。如果项目的增长不会轻易地超过一个磁盘的容量,可以选择一个项目使用一个存储区,甚至为一个磁盘分配多个项目;但是如果项目大小可能超过一个存储驱动器的容量或者文件分布在不同的地方,则该项目更适合分配多个存储区。

4.2 如何创建存储区

要创建存储区,用户必须以管理员组成员的身份登录 ProjectWise Administrator,并且该用户必须至少拥有创建存储区权限。也就是说,并非所有的管理员都能够创建或维护存储区。

要创建存储区,管理员可以右击存储区节点,选择【新建】,会看到如图 4.2-1 所示的界面。

在上述对话框中输入相关信息。推荐管理员使用规范的命名以方便今后管理存储区。需要注意的是,存储区不要和工作目录放在同一个文件夹,否则当用户检入文档或者进行其他操作时,系统会出现文档丢失等错误。

图 4.2-1 【新建存储区】对话框

75

第5章 环境与界面

在 ProjectWise 中,用户可以创建项目和文件夹,通过这些项目和文件夹来分类文档。这些项目或文件夹中的文档具有一些特性,如文档所有者(创建者)、文件名、应用程序和部门。这些特性由 ProjectWise 内部使用或供用户搜索文档时使用。它们是标准项,并且不能被删除。

为了提供更多的灵活性,ProjectWise 提供了扩展缺省属性列表的框架,该框架被称为环境。

环境不是数据源的必备特性。管理员可以在 ProjectWise 中,将任何文件夹或项目的环境赋值为"none",这些文件夹或项目的根文档的【文档特性】对话框中会出现空白的【属性】和【更多属性】标签页。在创建项目或文件夹时,管理员可以给每一个项目或文件夹赋予不同的环境。文件夹中的所有文档将使用环境中定义的附加项或者属性域,以便进行分类。

创建环境并不复杂,但是需要管理员预先进行规划。

5.1 创 建 环 境

5.1.1 搭建环境框架

步骤 1:在 ProjectWise Administrator,右键点击【环境】节点,选择【新建】,会出现【新建环境向导】,如图 5.1-1 所示,在【环境名称】和【环境描述】中输入相关信息。点击【Next】。

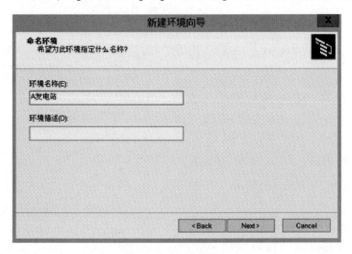

图 5.1-1 【新建环境向导】

步骤 2:ProjectWise 允许管理员使用新表或现有表来新建环境。按照默认的【创建新表】创建环境即可,如图 5.1-2 所示。点击【Next】。

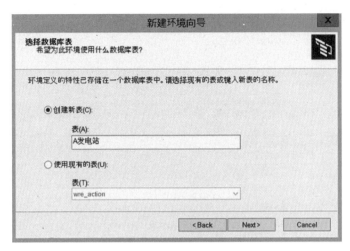

图 5.1-2 输入信息

步骤 3：在【设计新表】页面点击【添加】按钮，为新环境添加用户自定义的属性名称和类型，如图 5.1-3、图 5.1-4 所示。若勾选【使用数据库的数据类型】选项，则 ProjectWise 会自动使用本地数据库的数据类型。管理员可以在新建环境时添加一个属性，也可以添加多个项目属性。以添加一个属性为例，添加属性后，点击【Next】。

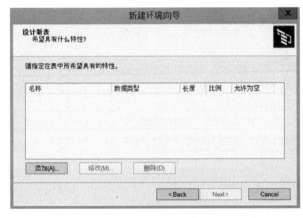

图 5.1-3 【设计新表】页面

图 5.1-4 【新列属性】对话框

步骤 4：此时进入【选择环境设置】页面，如图 5.1-5 所示。若勾选【当文档创建时创建属性记录】，则在该环境下的文档创建后，系统会自动向数据库中添加属性记录；若不选择此项，则只有当用户添加属性时，系统才会向数据库中添加属性记录。若勾选【使此环境成为公用环境】，以后在新建项目时，该环境会成为项目的缺省环境。

步骤 5：选择完毕后，点击【Next】，点击【Finish】，环境的基本框架搭建结束。

5.1.2 添加属性

在搭建环境的基本框架后，若需要添加环境中的其他属性，管理员可以点开目录树，找到新建的环境中的属性，右键点击，选择【新建】→【属性】，添加新的属性。

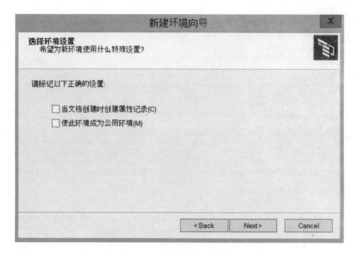

图 5.1-5 【选择环境设置】页面

5.1.3 创建界面

一个环境可以定义许多属性,可以设计属性的排布方式,可根据用户的需求显示部分或全部环境属性。当管理员创建了界面后,ProjectWise Explorer 的用户就能在【文档特性】对话框的【属性】和【更多属性】标签页上看到该界面的属性。

若存在多个界面,用户可以从 ProjectWise Explorer 的工具栏中切换界面,来决定哪一个界面为当前活动界面,如图 5.1-6 所示。

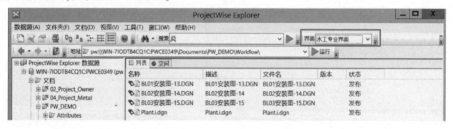

图 5.1-6 选择活动界面

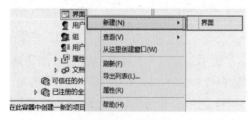

图 5.1-7 新建界面

要创建一个界面,管理员可在 ProjectWise Administrator 右击【界面】节点,选择【新建】→【界面】,输入界面名称即可,如图 5.1-7 所示。

新建界面后,在 ProjectWise Administrator 的每个环境中都会存在。因此,界面的名称应具有通用性,便于重复利用。

5.1.4 排布属性

步骤 1:新建界面后,管理员可以在新建环境的【属性布局】中看到新建的界面,此时点开【默认界面】下的【"特性"选项卡】,在右边的空白处点击右键,选择【添加特性】,如图 5.1-8 所示。

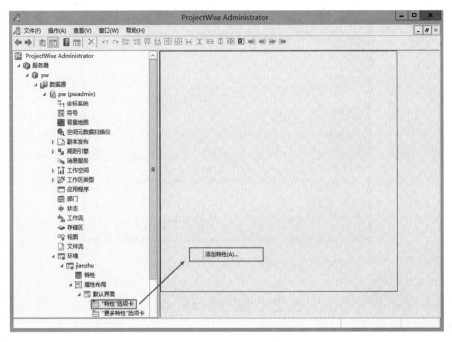

图 5.1-8　添加属性

步骤 2:管理员可以根据实际需求添加环境中新建的属性,如图 5.1-9 所示。如果管理员要调整标签的对齐方式,可通过图 5.1-9 中方框内的按钮进行对齐。

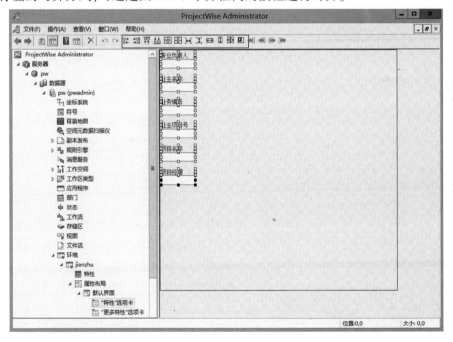

图 5.1-9　添加多个属性

步骤 3:环境布局完成后,在 ProjectWise Explorer 中,管理员为相应的文件夹或文件赋予该环境,添加环境属性,如图 5.1-10 所示。

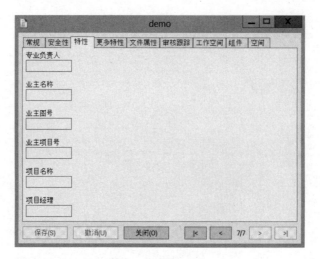

图 5.1-10　添加环境

5.2　删 除 环 境

删除环境时,必须取消该环境与现有文件夹的关联。可以通过搜索对话框来找到这些关联的文件夹。取消关联后,右键点击环境节点,选择【删除】即可删除环境。

第6章 工作流、状态与消息

工作流是描述文档生命周期的一系列状态。ProjectWise 工作流有两个主要的功能：一是发送消息并跟踪文档过程；二是允许文档的安全模式根据文档的生命周期变动。

6.1 创建工作流

管理员可以在 ProjectWise Administrator 中创建工作流，并应用于 ProjectWise Explorer 的文件夹和项目。工作流中包含状态，即用户希望文档经过的阶段或流程节点。

在创建工作流之前，管理员应该先规划好工作流要包括的所有状态，然后创建相互独立的工作流和状态。管理员可以创建一个空的工作流，然后添加状态；或者先创建状态，再创建包含该状态的工作流。一旦某个状态存在，就可用于相同的数据源的多个工作流。

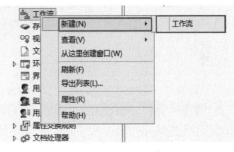

要创建工作流，管理员可以右键点击 Project-Wise Administrator 的【工作流】节点，选择【新建】→【工作流】，添加工作流的名称和描述即可，如图 6.1-1 所示。

图 6.1-1　新建工作流

6.2 创 建 状 态

实施工作流之前，必须先创建状态。设计工作流的目标是提供足够多的状态，在此基础上修改文件的访问权限或自动通知。同时，应谨慎考虑，尽量不创建增加用户负担的过于复杂的工作流。状态可用于一个以上工作流，但不能在一个工作流中使用一次以上。如果状态与工作流相关则不能被直接删除，必须先从工作流中删除状态。

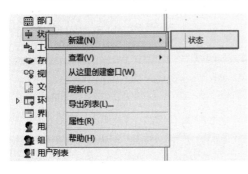

图 6.2-1　新建状态

要创建状态，管理员可以在 ProjectWise Administrator 中右键点击【状态】，选择【新建】→【状态】，添加状态的名称和描述即可，如图 6.2-1 所示。

6.3 在工作流中添加状态

新建工作流和状态后，需要将新建的状态添加到工作流中。找到要添加状态的工作流，右键点击,在弹出菜单中选择【添加状态】,如图6.3-1所示。

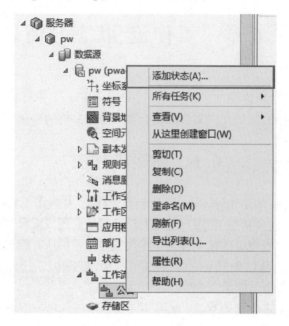

图6.3-1 向工作流中添加状态

创建状态时,状态的排列顺序并不重要;当添加状态到工作流时,顺序才变得重要。当工作流应用到 ProjectWise Explorer 后,应用到所有文档的第一级状态是处于 Administrator 端工作流中最上方的那个状态。

6.4 消 息 服 务

消息服务的主要作用是,在文档发生特定事件时,ProjectWise 可以通过消息代理或邮件的方式通知其他用户。这些特定事件可以是工作流中的一个文档的状态发生更改,也可以是文档检入或检出、文档被导出、文档的版本发生变化、服务器副本被更新等事件,可以根据用户的实际需求具体设定。

6.4.1 创建消息代理

以工作流中的一个文档的状态发生更改为例,创建一个消息代理。

步骤1:管理员点击【消息服务】,设置【新建消息代理向导】,如图6.4-1所示。

步骤2:在【消息主题】栏输入消息的主题,在【消息文本】栏输入消息的内容。【连接文档】为可选项。如果启用【连接文档】选项,若消息是一个 ProjectWise 消息,则一个到文档的链接将被附加到消息;若消息是一封邮件,则文档本身被附加到邮件,该文档在 ProjectWise 中的地址也显示在电子邮件中。【消息类型】为可选项,可以选择该消息代理是发送【ProjectWise 消息】还是发送【电子邮件】,前者是在 ProjectWise 内部发送消息,而后者则是使用系统缺省的邮件系统。以选择【ProjectWise 消息】为例,点击【Next】。

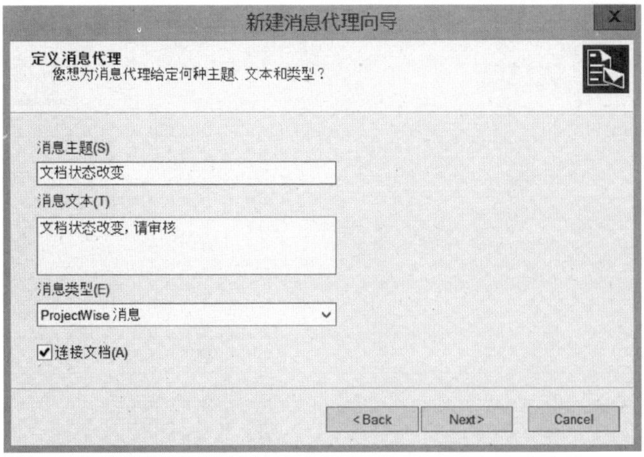

图 6.4-1　【新建消息代理向导】

步骤 3：进入【指定消息接受者】页面（图 6.4-2）。系统提示添加接收消息的用户或组。管理员可以通过【添加】按钮，添加接收的用户或组。缺省情况下，【对命令已在其上执行的文档有访问权限的用户】复选框是启用的。但在大多数情况下，最好禁用该选项；否则，每个对文档有读权限或更高权限的用户都会被包括在消息接收者中。添加消息接收者之后，点击【Next】。

图 6.4-2　消息接收者设置

步骤 4：进入【指定消息发送模式】页面，如图 6.4-3 所示。【指定消息发送模式】页面有两种发送模式：【寂静发送消息】是指当指定事件出现时发送消息，用户不能修改消息的内容；【显示发送消息对话框】是指在消息发送前，系统会打开消息对话框，用户可以从中修改收件人和消息内容。可根据项目的实际需求选择消息发送模式，之后点击【Next】。

步骤 5：进入【指定命令类型和发送时间】页面，如图 6.4-4 所示。在【指定命令类型和发送时间】页面，可以指定何时消息将被发送。其中，【命令类型】有多种选项，可根据实际需求选择，如图 6.4-5 所示。需要注意的是，命令类型中，只有【文档状态更改】同工作流相关，当文档进入或者退出状态时系统会发送消息。其他的选项与工作流无关，当指定的动作（检入、检出、版本改动等）发生时，会自动触发消息。

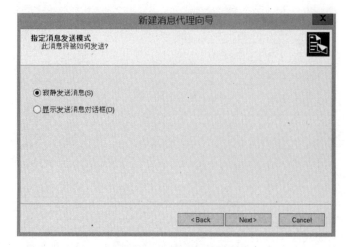

图 6.4-3 发送消息方式

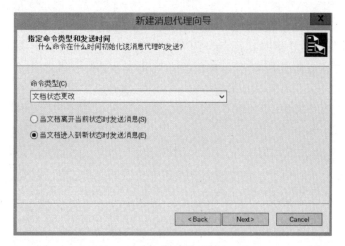

图 6.4-4 指定命令类型和发送时间

图 6.4-5 命令类型

步骤6:若选择【文档状态更改】后点击【Next】,点击【添加】,如图6.4-6所示。【选择工作流状态】对话框用于选择将消息代理应用到哪个工作流和状态。在这种情况下,消息代理将应用于使用指定工作流的所有文件夹。至此,消息代理创建完成。

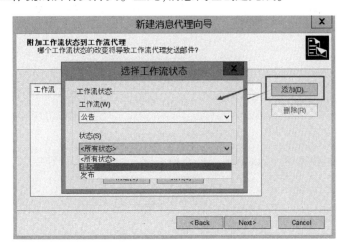

图6.4-6 选择工作流状态

如果在步骤7选择其他基于非工作流的动作,点击【Next】,出现的则是【附加文件夹到文档代理】页面,如图6.4-7所示。在此页面上,点击【添加】,可打开【选择文件夹】对话框,选择与消息代理相关的文件夹。当指定的动作发生于文件夹中的任何文档时,消息将被发送。

图6.4-7 附加文件夹到文档代理

6.4.2 消息代理在客户端的应用

为了在ProjectWise Explorer中使用工作流,必须将工作流指定给一个或多个文件夹或项目。管理员应先在ProjectWise Explorer中找到要应用的文件夹或项目,右键点击,选择【属性】,在【文件夹属性】窗口中找到【工作流和状态】标签页,选择对应的工作流。此时,在Administrator端添加的状态会应用到工作流中,并按照工作流中的顺序排列,如图6.4-8所示。点击【OK】后,该工作流和状态会自动应用到该文件夹下的所有文档。

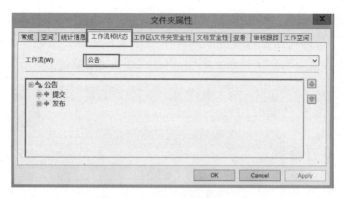

图 6.4-8　文件夹属性中添加工作流

当要改变文档的状态时,可以右键点击要更改状态的文档,选择【更改状态】→【下一步】,如图 6.4-9 所示。

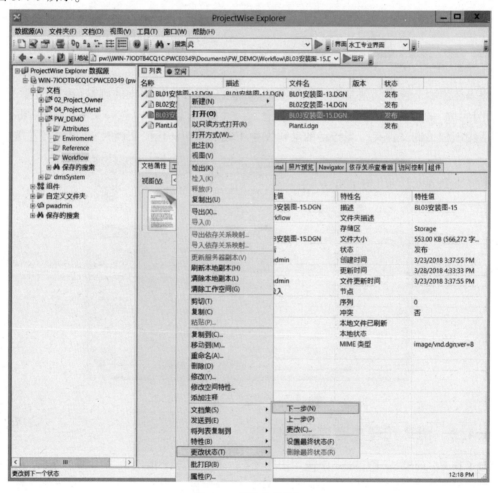

图 6.4-9　更改文件状态

在弹出的注释对话框中输入注释,点击【确定】。若消息发送模式是【显示发送消息对话框】,则会弹出如图 6.4-10 所示的对话框。若选择【寂静发送消息】,则不弹出该对话框。

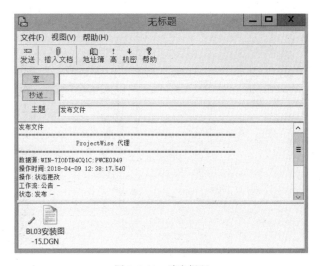

图 6.4-10　消息提醒

 案例

模拟正式项目中审批流程,一个文档依次经过设计、校对、审核、审定四个流程。项目文件在流转的过程中有对应的消息提醒。项目人员 user1、user2、user3、user4 分别对应设计人员、校对人员、审核人员、审定人员。项目文件对应的状态人员具有修改的权限,其他人只有读的权限。

步骤 1:在 ProjectWise Administrator 分别建立 user1、user2、user3、user4,如图 6.4-11 所示。

步骤 2:在 ProjectWise Administrator 设置设计、校对、审核、审定状态,如图 6.4-12 所示。

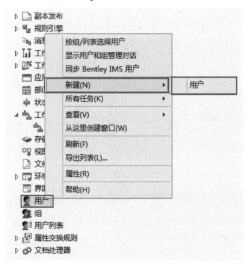

图 6.4-11　增加人员　　　　　　　　　　　　图 6.4-12　设定状态

步骤 3:设置"设校审"流程,并且将对应的四个状态(设计、校对、审核、审定)添加进去,如图 6.4-13、图 6.4-14 所示。

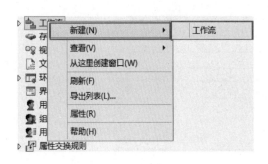

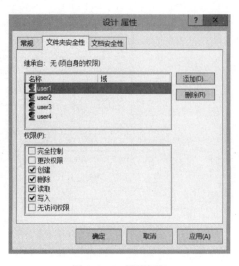

图 6.4-13　设置流程

图 6.4-14　设置权限

图 6.4-15　设置消息服务

步骤 4：在 ProjectWise Administrator 设置对应的消息服务，如图 6.4-15 所示。状态对应的消息为："您好，您有 XX（校对、审核、审定）任务了，请及时处理，祝工作顺利！"

步骤 5：在 ProjectWise Explorer 中设置对应的项目文件，选择审批流程，如图 6.4-16 所示。当文件的状态发生改变的时候，消息服务就会提醒其他人进行文件校对、审核、审定。

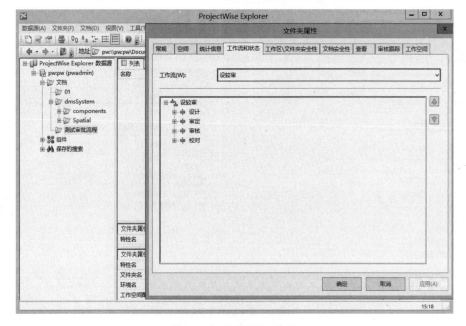

图 6.4-16　设置项目工作流

第7章 文档处理器

文档处理器可以通过文档内容实现 ProjectWise 文档的自动检索。在安装 ProjectWise Integration Server 之前,为了快速地搜索信息,从文件中提取信息并存储在 ProjectWise 数据库中,必须先安装 ProjectWise Orchestration Framework 服务。

需要注意的是,图形文件(如.tif、.jpg 格式)一般不包含可搜索的文本;有一些 PDF 文件(但不是全部)包含可搜索的文本;文件特性提取取决于由本地应用添加到文件的属性;不是所有的文件类型都包括缩略图预览。

建议管理员为文档处理器提取建立一个专用账号,使用访问权限控制该用户权限,并且开启文档读属性。

ProjectWise 文档处理器为用户提供了不同类型的高级文档索引,分别是:缩略图提取、文件特性提取、全文本检索。

每个文档处理器的操作步骤,一般可分为如下几步:

①启动或禁用提取。

②指定一个对所有文档具有访问权限的 ProjectWise 用户账号(管理员可以单独创建一个 ProjectWise 用户账号,用于文档检索)。

③设置一个定时提取计划,以便在指定的时间间隔自动开始和连续运行。

④在提取引擎中区分可识别与不可识别的文件类型的扩展名。

⑤手动进行一次提取,不管是否已指定计划。

⑥找到特定的文件夹,强制执行所有文档的提取。

7.1 全文本检索

ProjectWise 通过调用系统索引服务器提供全文本检索。用户可以配置全文本检索,以便按照计划自动开始,并在指定时间段运行。若没有定义提取计划,管理员也可以手动进行提取。

提取步骤如下:

步骤1:右键选择【全文本检索】节点,选择【属性】,可看到如图 7.1-1 所示对话框。在【常规】标签页中,勾选【已启用索引】,并指定一个有权限的用户来进行提取。因为索引服务一般在 ProjectWise 集成服务器上运行,所以没有必要注册服务器。默认可设置索引服务器到本地主机。若管理员没有在集成服务器上运行 ProjectWise Administrator,且本地主机没有指向集成服务器,则在此情况下,管理员需要明确指定集成服务器。

步骤2:选择【计划的更新】标签页,为全文本检索指定更新的计划时间,其中的每一小格代表一个小时。建议管理员在服务器空闲的时候为全文本检索设置计划,如图 7.1-2 所示。

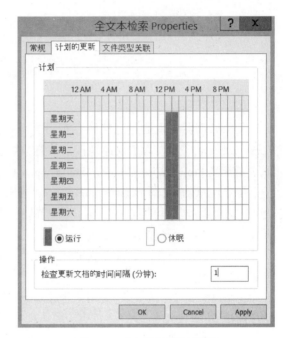

图 7.1-1　全文本检索属性　　　　　　　　图 7.1-2　全文本检索计划更新

步骤 3：设置完成后点击【OK】。

如果需要手动进行提取，管理员可再次右键选中【全文本检索】节点，选择【标记要重新处理的文件夹文档】，弹出如图 7.1-3 所示的窗口。点击浏览按钮，系统会自动显示 ProjectWise 目录。管理员选择一个要进行全文本检索的目录，并勾选【包括子文件夹】选项，点击【OK】。

步骤 4：再次右键点击【全文本检索】节点，选择【立即开始处理】，完成全文本检索，如图 7.1-4 所示。

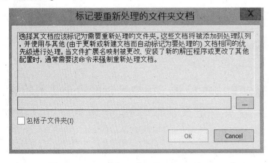

图 7.1-3　标记要重新处理的文件夹文档　　　　图 7.1-4　完成全文本检索

7.2　缩略图提取

如果文件存在缩略图，缩略图提取处理器将从文件中提取缩略图像，并将其作为二进制对象存储在 ProjectWise 数据源中。

类似于全文本检索，缩略图的提取也可分为以下几步：

步骤 1：右键点击，在弹出菜单中选择【缩略图提取】，选择【属性】，出现如图 7.2-1 所示的对话框。勾选【已启用提取】选项,并指定检索账户。

步骤 2:点击【计划的更新】标签页,为缩略图提取设置提取时间,如图 7.2-2 所示。管理员可以为缩略图的提取设置计划时间,通过【运行】和【休眠】选项来设置提取的时间。

图 7.2-1　缩略图提取

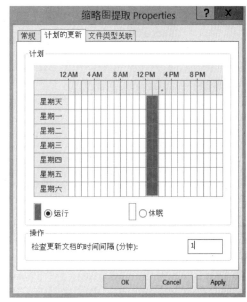

图 7.2-2　计划的更新

步骤 3:设置完成后点击【OK】。手动进行提取,管理员可再次右键点击【缩略图提取】节点,选择【标记要重新处理的文件夹文档】,如图 7.2-3 所示。点击浏览按钮,系统会显示 ProjectWise 目录。管理员选择一个要进行全文本检索的目录,并勾选【包括子文件夹】,点击【OK】。

步骤 4:再次右键点击【缩略图提取】节点,选择【立即开始处理】,完成缩略图提取,如图 7.2-4所示。

图 7.2-3　标记要重新处理的文件夹文档

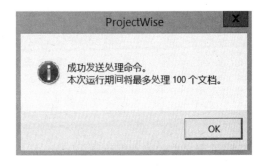

图 7.2-4　完成缩略图提取

提取缩略图后,可在 ProjectWise Explorer 找到对应文件夹下的文件进行验证。若提取成功,点击文件时,【文档属性】标签页会显示缩略图,如图 7.2-5 所示。

Office 软件也可以提取缩略图,但需要对其进行一些设置。以 Word 为例,在界面左上角找到【Prepare】下的【Property】,如图 7.2-6 所示。在弹出的【Document Properties】下选择【Advanced Properties】,在弹出的窗口中找到【Summary】标签页,勾选最下方的【Save Thumbnails for All Word Documents】,点击【确定】。

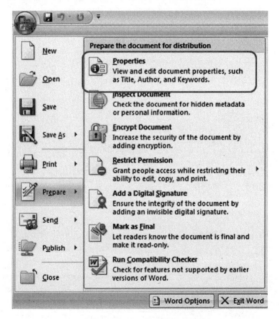

图 7.2-5 成功提取文档特性

图 7.2-6 Office 软件提取缩略图

7.3 文件特性提取

除了全文本检索和缩略图提取之外,ProjectWise 还提供了文件特性提取功能。有了该功能,存储在文件中的数据(在 Windows 文件系统中)可以被导入到 ProjectWise 中。Windows 文件系统为所有的文件定义了一个通用的属性集,例如文件名、大小、创建日期、修改日期和访问日期,这些就是文件特性。

类似于全文本检索和缩略图,文件特性提取的步骤也分为以下几步:

步骤 1:右键点击【文件特性提取】节点,选择【属性】,出现如图 7.3-1 所示窗口。勾选【已启用提取】选项,并指定检索账户。

步骤2:为文件特性提取设置提取时间。管理员可以为文件特性的提取设置计划时间,打开【计划的更新】标签页,通过【运行】和【休眠】选项来设置提取的时间,如图7.3-2所示。

图7.3-1 文件特性提取

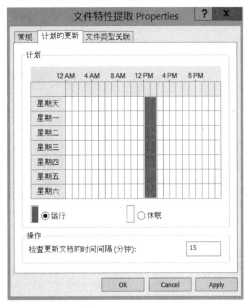

图7.3-2 计划的更新

步骤3:设置完成后,点击【OK】。

如果需要手动进行提取,管理员可再次右键点击【文件特性提取】节点,选择【标记要重新处理的文件夹文档】选项,出现如图7.3-3所示窗口。点击浏览按钮,系统会自动弹出ProjectWise目录。选择一个要进行文本特性提取的目录,并勾选【包括子文件夹】选项,点击【OK】。

步骤4:右键点击【文件特性提取】节点,选择【立即开始处理】,完成文件特性提取,如图7.3-4所示。

图7.3-3 标记要重新处理的文件夹文档

图7.3-4 完成文件特性提取

第8章 属性交换规则

8.1 属性交换规则概述

ProjectWise 允许使用来自数据库中字段的值填充 MicroStation 或者 AutoCAD 中的占位符字段。属性交换功能可以将用户输入到 ProjectWise 环境下的文档属性对话框中的值填充到设计中的标题块。

在属性交换前,管理员必须确定哪些设计字段将被填充,然后与 ProjectWise 中各自的属性建立映射。由于 MicroStation 文本元素并没有唯一的 ID,所以不能使用文档元素作为占位符。因此,ProjectWise 属性交换必须使用 MicroStation 标签元素而不是通常的文本元素。

8.2 属性交换案例

与 MicroStation 进行属性交换,以创建的 A 发电站环境中的属性为例,要交换其属性中的"项目名称"和"专业名称",过程如下:

步骤 1:在 ProjectWise Administrator 中,在【属性交换规则】节点,找到【MicroStation 标题块】,右键单击,选择【新建】→【属性类】,如图 8.2-1 所示。属性类的名称必须与 MicroStation 中的标签集名称相同。若名称为英文,须注意区分字母大小写。

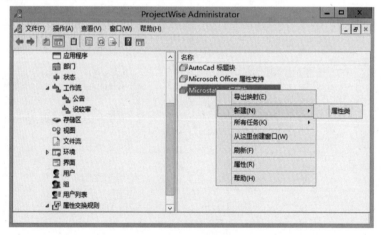

图 8.2-1　MicroStation 标题块新建属性类

步骤 2:在【绑定属性】界面中点击【添加】,选择【环境特性】,找到"A 发电站"环境,出现如图 8.2-2 所示的对话框。

步骤 3:添加【项目名称】后,点击【下一步】,点击【完成】。按同样的步骤,将"专业名称"添加到属性类中,如图 8.2-3 所示。

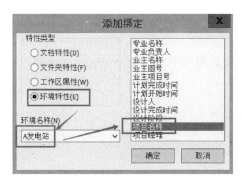

图 8.2-2　添加绑定

图 8.2-3　添加专业名称

步骤 4:将设计好的图框放到 ProjectWise Explorer。以 A1 图纸为例,交换的属性为"项目名称"和"专业名称",如图 8.2-4 所示。

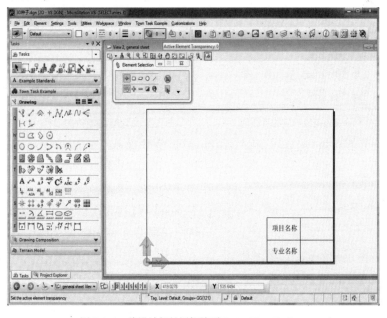

图 8.2-4　将设计好的图框放到 ProjectWise Explorer

步骤 5：在菜单栏中选择【Element】→【Tags】→【Define】，在 Define Tag 窗口中将标签值添加进去。定义标签时，需要给定标签的默认值，如图 8.2-5 所示。

步骤 6：标签集的名称需要和 ProjectWise Administrator 属性类的名称相同。Tag Sets 如图 8.2-6 所示。

图 8.2-5　添加标签集和标签

图 8.2-6　Tag Sets

步骤 7：添加完成后，需要将标签指定给对应的属性值。可在【Drawing】工具窗口"T"一栏中找到"Attach Tags"命令，如图 8.2-7 所示。

步骤 8：点击【项目名称】，会出现如图 8.2-8 所示的对话框。保证在【Display】一列，只有对应的属性后有"√"；若有其他属性，则将"√"去掉。点击【OK】。

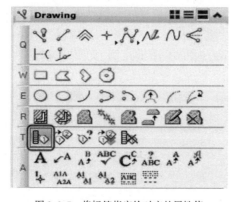

图 8.2-7　将标签指定给对应的属性值

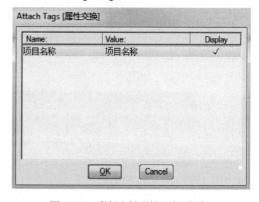

图 8.2-8　鼠标左键选择"项目名称"

步骤 9：将"专业名称"标签也指定对应的属性. 之后调整文字的样式与大小，最终效果如图 8.2-9 所示。

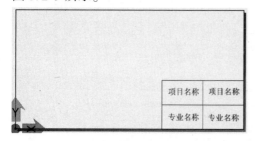

图 8.2-9　【专业名称】标签指定对应的属性

步骤 10：运用围栅命令，选择菜单栏中的【Element】→【Cell】，创建一个图签 Cell，并将该 Cell 保存在 ProjectWise Explorer。创建后的 Cell 如图 8.2-10 所示。

步骤 11：在 ProjectWise Explorer，将一个文件夹名称命名为"A 发电站"，并导入一个文件，在【特性】标签页中填写对应的属性，如图 8.2-11 所示。

图 8.2-10　将 Cell 保存在 ProjectWise Explorer 上

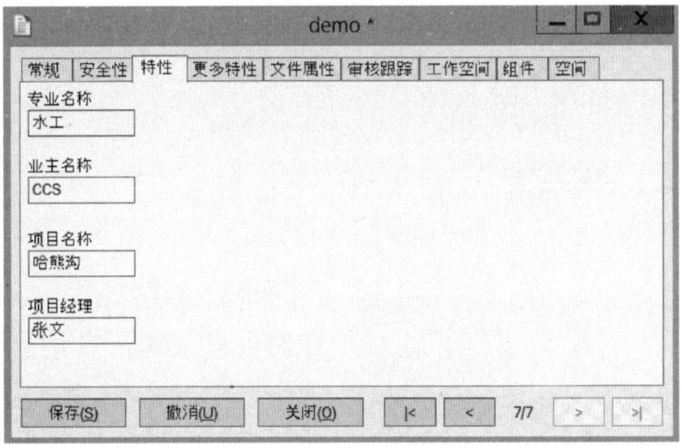

图 8.2-11　填写属性

步骤 12:填好属性后,打开该文件,新建一个 model。以 2D sheet 为例,选择【Size】为 A1,确定后引用之前创建的标签 Cell,放到图框下的适当位置。在菜单栏中点击【Utilities】→【Key in】,打开命令输入对话框,输入"titleblock update",会发现标签 Cell 自动被填充了,说明属性交换成功,如图 8.2-12 所示。

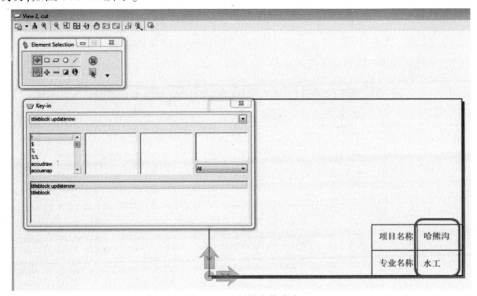

图 8.2-12　属性交换成功

第 9 章　工作区类型与部门

9.1　工作区类型

工作区类型有助于用户对在 ProjectWise 中创建的工作区分门别类。在创建工作区类型的时候,管理员应先对工作区类型进行规划,如该工作区类型是属于主厂房、副厂房或者是其他工作区类型;同时,管理员可以为已添加的工作区类型赋予属性,如项目编号、项目经理、开工日期、竣工日期以及其他的相关信息等。

9.1.1　创建工作区类型

创建工作区类型步骤如下:

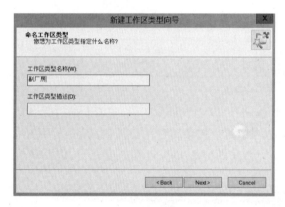

图 9.1-1　新建工作区类型向导

步骤 1:在 ProjectWise Administrator 中,在控制台目录树下右键点击【工作区类型】,在弹出菜单中点击【新建】,此时会弹出【新建工作区类型向导】,如图 9.1-1 所示。

步骤 2:输入工作区类型名称和描述之后,点击【Next】,系统会提示添加工作区类型包含的属性。可以自定义添加到其中的属性,如图 9.1-2 所示。添加后点击【Next】完成。

工作区类型的属性值可以有多种形式,既可以输入,也可以通过下拉菜单选择。可以双击该属性进行详细设置,如图 9.1-3 所示。

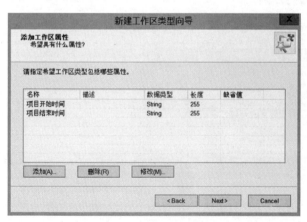

图 9.1-2　自定义添加属性

图9.1-3 双击属性进行设置

9.1.2 工作区类型的应用

工作区类型是针对项目而言的,要应用工作区类型,首先需要有工作区的存在。在ProjectWise Explorer中,找到一个工作区,在【属性】标签页中,可选择之前设定好的工作区类型,并填写属性值。处于该工作区的人员可以通过查看工作区类型,了解项目的相关信息,如图9.1-4所示。

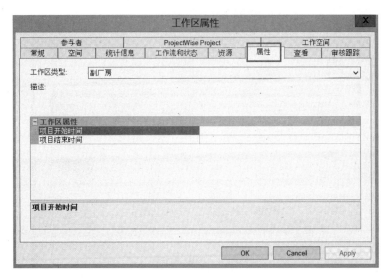

图9.1-4 工作区属性

9.2 部 门

部门是帮助定义文件归属权的简单的内置属性。在搜索文档时,部门的设置为方便用户检索起到很大的作用。用户在创建新的文档时,可以为文档设置其所属部门。

管理员需要在项目开始前,在 ProjectWise Administrator 为用户创建部门列表。需要注意的是,ProjectWise 中的部门只是提供了方便用户检索文档的内置属性,应与实际中的部门有所区分。

图 9.2-1　信息部 Properties

9.2.1　创建部门

为了创建部门,管理员可在 ProjectWise Administrator 右键点击【部门】节点,选择【新建】,输入部门名称和描述,然后点击【应用】,如图 9.2-1 所示。

9.2.2　部门的应用

在创建文档的时候,用户应慎重地为每个新文档指派部门。若更改文档的部门属性,点击【按表搜索】,在【常规】标签页中进行更改。

若创建文档时没有为文档赋予"部门"字段,则该文档的"部门"值为空。为文档赋予"部门"值后,可以按"部门"搜索文档,如图 9.2-2 所示。

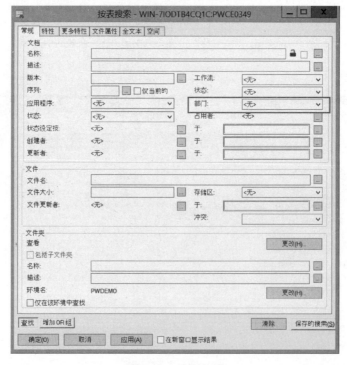

图 9.2-2　按表搜索

第 10 章 视　　图

视图为用户查看文档属性提供了便捷。管理员可以在 ProjectWise Administrator 中创建全局视图,个人用户也可以在 ProjectWise Explorer 中创建个人视图。视图包括系统自带的属性以及特定环境中存在的属性。

10.1　创 建 视 图

创建视图前,管理员应该先规划好视图中都包含哪些属性。视图可以包含特定环境下的某些属性,也可以包含系统属性。

在管理员端选择【视图】→【新建】,弹出【新视图 Properties】对话框,如图 10.1-1所示。

在【常规】标签页中,管理员可以选择该视图是否包括指定环境下的属性。当选择指定环境后,【列】标签页中会出现该环境下的所有属性,供管理员添加。也可以将该视图设置为数据源缺省视图。

在【列】标签页中,可看到 3 个可用列,如图 10.1-2 所示。通过中间的选择箭头,管理员可以对视图中的属性进行增减与排序,如图 10.1-3所示。

图 10.1-1　【新视图 Properties】对话框

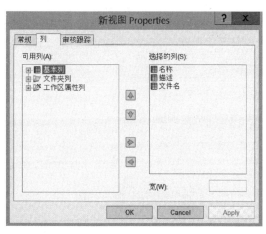

图 10.1-2　新视图列

图 10.1-3　属性增减与排序

10.2　视图的应用

当管理员创建视图后,用户可以在 ProjectWise Explorer 选择要应用的视图,也可以通过【管理视图】来新建用户个人视图,或通过【选择列】对已有视图增减视图属性,如图 10.2-1 所示。

图 10.2-1　【管理视图】与【选择列】

当点击【选择列】按钮后,在【设置缺省值】标签页下,用户可以设置缺省视图,或将该视图分配给某个文件夹或环境,如图 10.2-2 所示。

用户也可以为文档列表视图和预览窗格视图分配不同的视图,打开【文件夹属性】→【查看】标签页,如图 10.2-3 所示。

图 10.2-2　视图属性

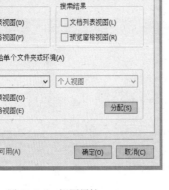

图 10.2-3　文件属性

分配后,用户可在 ProjectWise Explorer 的文档列表视图和预览窗格视图看到不一样的视图,如图 10.2-4 所示。

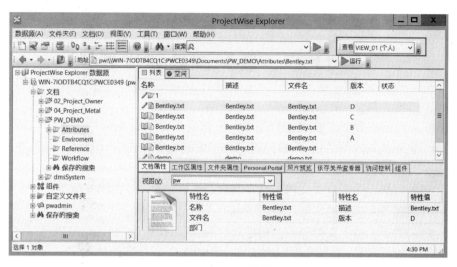

图 10.2-4　查看视图

第11章 数据源功能设置

ProjectWise 使用的数据库被叫作数据源。它包含了 ProjectWise 中每个文档的记录。这些记录存储了关于该文档的信息,例如同该记录相关联的文件、文件的存储位置、文件的创建者以及文件创建的时间等。

ProjectWise 数据源并不包含文档本身,而仅仅包含描述这些文档的源数据。文档本身由 ProjectWise 存储在一个单独的叫作存储区(Storage Area)的区域。

ProjectWise 维护了每个文档的一套标准属性集,该属性集包括名字、描述、所有者等属性。系统管理员可以根据需要,通过添加一个或多个环境来扩展标准属性列表。每个 ProjectWise 环境是由一个或者多个表组成的,在数据源中用来存储项目或组织要求的额外元数据信息。文件夹结构、用户信息、安全性以及工作流信息也存储在数据源中。

11.1 数据源的创建

步骤1:当组件和服务器等安装完成后,管理员需要为服务器创建一个数据源。打开 ProjectWise Administrator,找到对应的服务器下的数据源,右键点击打开右键菜单,选择【新建数据源】,打开【新建数据源向导】,如图 11.1-1 所示。

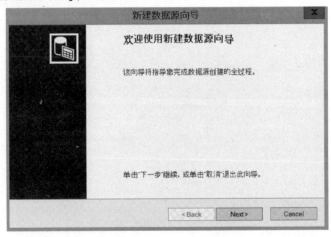

图 11.1-1 新建数据源向导

步骤2:点击【Next】,进入【选择数据源类型】页面,如图 11.1-2 所示。【选择数据源类型】页面提供了选择项,管理员可以选择在本服务器创建数据源或者创建到另一服务器的一个连接,点击【Next】。

步骤3:出现【命名数据源】页面,如图 11.1-3 所示。如果管理员输入了显示名称(描述名),则显示名称具有优先级,并在 ProjectWise 客户端中显示给用户。如果没有输入显示名称,数据源名称则会按照以下格式显示:"服务器名称:数据源名称"。为了方便管理,建议管理员将数据源的名称设置为成其所在的数据库的名称,点击【Next】。

图 11.1-2　选择数据源类型

图 11.1-3　命名数据源

步骤 4:提示选择要连接到的系统 ODBC 数据源的选项列表,如图 11.1-4 所示。在该页面,管理员应选择 ProjectWise 集成服务器向数据库请求的 ODBC 数据源。点击【Next】。

图 11.1-4　选择 ODBC 数据源

步骤5：进入【为客户端连接指定数据库用户账户】页面（图11.1-5）。该页面用于指定客户端连接的数据库用户账户，管理员需要输入数据库的登录名和密码。点击【Next】。

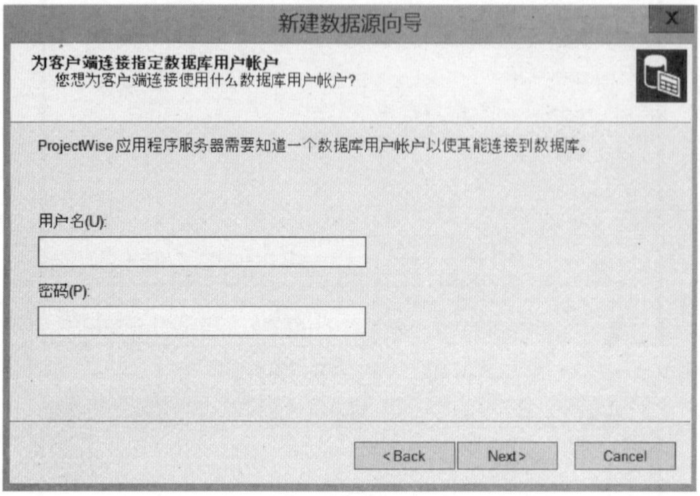

图11.1-5 为客户端连接指定数据库用户账户

步骤6：进入【指定管理员账户】页面，如图11.1-6所示。【指定管理员账户】页面将为ProjectWise设定首选的管理员账户。该账户将自动添加到管理员账户组。设置完成后，点击【Next】。

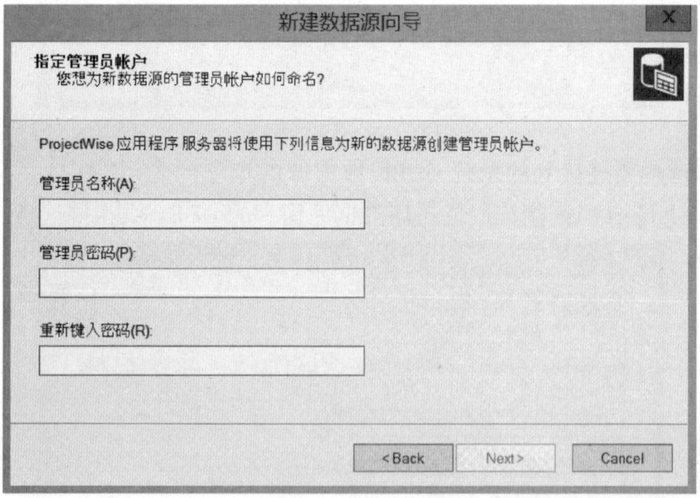

图11.1-6 指定管理员账户

步骤7：出现如图11.1-7所示页面。该页面上有【从模板创建数据源数据】选项，如果勾选，根据以前导出的模板，数据将导入到新数据库中。

导出模板包括许多ProjectWise配置项，因此可以作为ProjectWise种子文件。当需要重复创建数据源时，从模板创建新的数据源能够节省管理员宝贵的时间。

图 11.1-7　设置完成

11.2　数据源的设置

ProjectWise Administrator 为管理员提供了服务器层次以及数据源层次的配置选项。服务器层次的设定主要是安全性和性能方面的,对所有的数据源均有效;而针对数据源的设定,则允许管理员控制文件夹和文档的安全性、许可的分配和一般的项目设定。

右键点击数据源,选择右键菜单中的【属性】,可对数据源进行设置。以下几个设置需要注意。

11.2.1　常规

【常规】标签页中显示了数据源的常规属性。数据源的名称和显示名称都可以修改。设置显示名称可以控制 ProjectWise Explorer 数据源的显示名称。数据库类型和 ODBC 数据源可以修改。但是,在创建数据源后最好不要对其进行改动,否则可能造成数据的丢失,如图 11.2-1 所示。

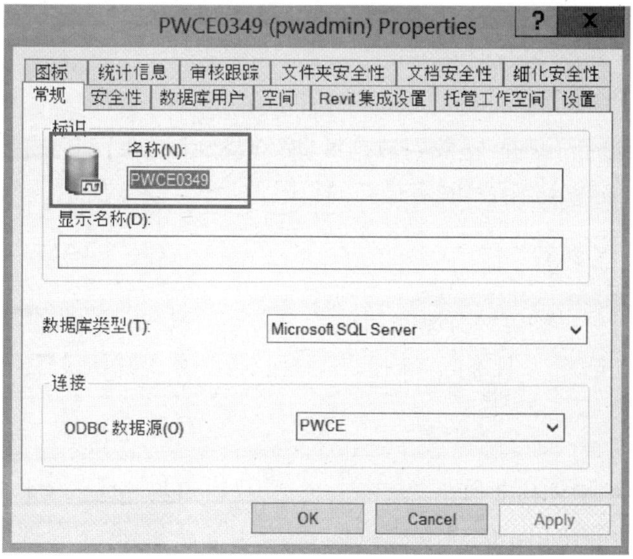

图 11.2-1　修改数据库类型及 ODBC 数据源

11.2.2 安全性

在【安全性】标签页,数据源管理员能够允许或拒绝其他管理员和用户访问该数据源或查看可用的数据源列表,如图 11.2-2 所示。

图 11.2-2 客户端连接安全性

对于每个不同的安全选项,管理员可以通过掩码来允许或拒绝多个用户,控制用户连接和拒绝用户连接列表。在输入框中,管理员可以输入用户的 IP 地址、地址段或主机名,也可以在 IP 地址中使用" * "作为通配符。

11.2.3 设置

在 ProjectWise Administrator 里找到数据源,右键找到【属性】,其中【设置】标签页中的各项设置针对所有 ProjectWise 用户,具有最高的权限,如图 11.2-3 所示。

● 【全局删除限定】

【全局删除限定】可以确定谁有删除数据源中文件的权限。这里的设置比其他层次上的设置项具有更高的优先级,并且不能够被扩展。建议按照系统默认设置。

● 【杂项】

【将已删除的文档文件移动到存储区的回收站中】可以将删除的文档移动到回收站中,管理文件服务器回收站的使用。需要注意的是,要启用该功能,除了勾选该项,还需要进行如图 11.2-4所示的配置。

图 11.2-3　数据源设置

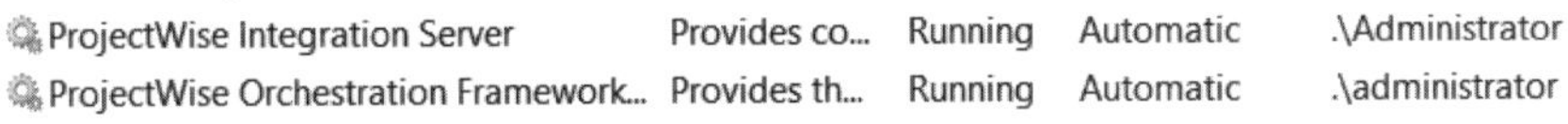

| ProjectWise Integration Server | Provides co... | Running | Automatic | .\Administrator |
| ProjectWise Orchestration Framework... | Provides th... | Running | Automatic | .\administrator |

图 11.2-4　ProjectWise 程序服务运行

同时,需要将 Administrator 账号添加到运行服务,具体步骤如下:点击操作系统【开始】→【运行】,输入"gpedit. msc",将相应的账号加入【作为服务登录】,如图 11.2-5 所示。设置后重启 ProjectWise 集成服务,用管理员账号登录计算机,查看回收站即可。

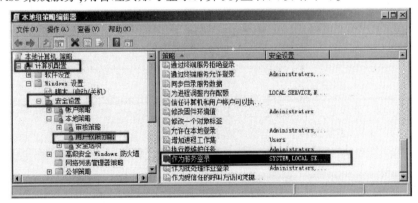

图 11.2-5　添加账号到运行服务

- 【强制不区分大小写搜索】

如果选中该项,文件搜索将不区分大小写。该功能主要用于区分大小写的 Oracle 数据库系统。

● 【项目模板列表所在的文件夹】

该项设置允许用户自己在 ProjectWise 中定义缺省的项目模板。

● 【版本】

在 ProjectWise Explorer 中选择一个文档创建一个新版本后,系统会赋予新文档一个版本号,缺省状况下会使用字母 A、B、C 等作为版本号。若用户需要将默认版本号改为数字,可勾选【使用数字版本号】,且可以设置起始的版本数,如图 11.2-6 所示。

● 【最近使用的列表】

【最近使用的列表】用来控制 ProjectWise Explorer 及 ProjectWise Web 客户端的地址栏所保留的记录,如图 11.2-7 所示。

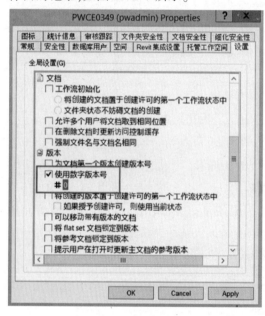

图 11.2-6 设置版本号

图 11.2-7 最近使用的列表

【最近使用条目最大显示数量】决定了 ProjectWise Explorer 地址栏中显示的最大数目,缺省的数值是 5,如图 11.2-8 所示。

图 11.2-8 地址栏

11.2.4 审核跟踪

审核跟踪功能允许系统跟踪和记录所有对文档的访问。它存储了 ProjectWise 数据源中所有文档访问数据的记录。由于审核跟踪的数据量会不断积累,因此,管理员需要规划哪些行为和事件需要记录,如图 11.2-9、图 11.2-10 所示。

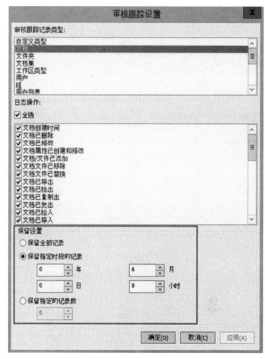

图 11.2-9　审计跟踪　　　　　　　　　　　图 11.2-10　审计跟踪保留设置

在 ProjectWise Explorer 中,右键点击文件,选择【属性】,打开【审核跟踪】标签页,导出历史记录,点击【另存为】按钮,保存为 html 文件或 txt 文件,如图 11.2-11 所示。

图 11.2-11　导出历史记录

第12章　用户功能设置

在 ProjectWise Administrator 中，【用户】选项中的属性设置会继承到新建的用户中。要设置默认用户的属性和权限，可以通过右键点击【用户】选择【属性】来进行设置，如图 12.0-1 所示。

图 12.0-1　用户设置

12.1　工作目录

工作目录是指 ProjectWise 用户本地目录中用于储存文件副本（当用户编辑或查看文件时）的目录，有关工作目录的设置如图 12.1-1 所示。

图 12.1-1　设置工作目录

• 【可以更改工作目录设置】选项

当启用该选项后，用户可以在 ProjectWise Explorer 中点击【工具】→【选项】，指定或改变工作目录。若没有启用该选项，则用户只能使用管理员统一设置的工作目录。为了便于管理，建议禁用该选项。

• 【使用 ProjectWise Explorer 时】设置

该设置用于预设用户在使用 ProjectWise Explorer 时的工作目录。若管理员在这里定义了 ProjectWise Explorer 的工作目录，则用户在 ProjectWise Explorer 中首次登录该数据源时，会被提示创建或改变工作目录。如果此处未定义 ProjectWise Explorer 工作目录,那么用户登录后会被提示定义一个工作目录位置。

管理员可以根据实际需求定义工作目录的位置。若管理员希望以用户登录名作为工作目录的名称,可在路径的最后一级目录后添加字符串"$USER.NAME$"。用户登录后,系统会在用户保存文件路径下自动生成一个以该用户名称为名的工作目录,如 C:\pw-wrkdir\$USER.NAME$。

当存在多个数据源时,命名工作路径时可以把数据源名称或工作目录路径的缩写包含在内,如:C:\pw-wrkdir\datasourcename\username。

12.2　常　　规

【常规】选项为用户提供了文件权限和安全管理的设置,如图 12.2-1 所示。

- 【可以更改常规设置】选项

启用该选项后,用户可点击 ProjectWise Explorer 菜单栏【工具】→【选项】,修改对话框中的【常规】设置目录。若禁用该选项,则用户无法看到【常规】设置目录。

- 【凭证过期策略】选项

【凭证过期策略】允许用户链接到服务器凭证到期后进行自行管理。
双击【服务器缺省值】,在弹出的【凭证过期策略】对话框中,可看到的选项见图 12.2-2。

图 12.2-1　【常规】设置　　　　　　图 12.2-2　设置凭证过期策略

【服务器缺省值】:一旦用户登录到 ProjectWise,集成服务器上的 dmskrnl.cfg 文件中的 UserLoginTokenTimeout 设置会控制用户的连接以及登录到期的时限。

【不过期】:一旦用户登录,登录不过期,直到用户主动注销。

【自定义值】:需要用户输入登录的过期时限(以小时为单位);如果选择【自定义值】但没有输入时限,点击【确定】后,系统会自动设置为【不过期】。

- 【使用访问权限控制】选项

本设置控制文件夹或文档的安全策略。当禁用该选项的时候,该用户不受访问权限控制,可以访问所有文件和文件夹。默认情况下,该选项是启用的。建议只有当有特殊要求时(如管理员权限设置失误,所有人都无法看见某个文件夹)禁用该选项,设置一个超级用户。

- 【只能通过 Web View 服务器登录】选项

勾选该选项后,用户只能通过接 ProjectWise Web View Server 来登录,而不能通过 Project-

Wise Explorer 进行登录。

12.3 用户界面

【用户界面】是一组设置选项,通常让用户自主控制。建议管理员将修改权限交给用户,即勾选【可以更改用户界面设置】,如图 12.3-1 所示。

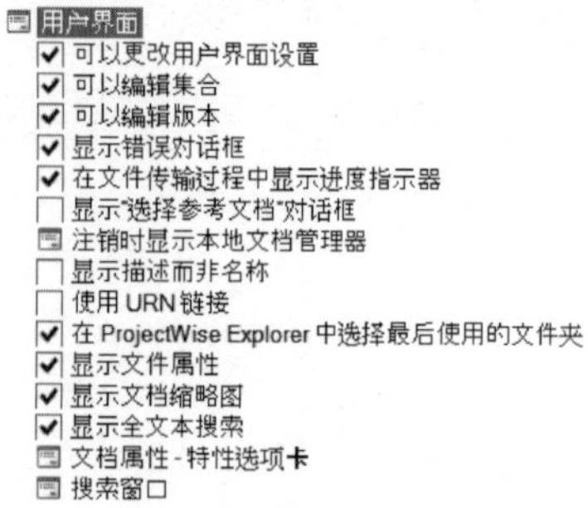

图 12.3-1 【用户界面】设置

- 【显示描述而非名称】选项

启用该选项后,如果存在用户名、文档或文件夹的描述,则该描述取代 ProjectWise Explorer 中的用户名、文档或文件夹名称显示。

- 【使用 URN 链接】选项

URN(Uniform Resource Name)即统一资源名。开启【使用 URN 链接】选项,ProjectWise 文档链接表达形式使用 URN,即 GUID(Globally Unique Identifier,全局唯一标识符)的形式。关闭该选项,ProjectWise 文档链接表达形式使用 URL(Uniform Resource Locator,统一资源定位符),即 ProjectWise 文档路径形式。两者的区别如图 12.3-2 所示。

Content of a URL Link
pw://25710ext:PWIAdmin/Documents/MicroStation&space;V8&space;XM&space;Edition/Civil/Dgn/BSI400-C01-Cover.dgn

Content of a URN Link
pw://25710ext:PWIAdmin/Documents/D{d420a884-6dd3-490d-9db4-e06cdebceaa7}

图 12.3-2 区别

- 【在 ProjectWise Explorer 中选择最后使用的文件夹】选项

如果启用该选项,用户登录后将自动打开上次用户注销时激活的那个文件夹。

- 【文档属性-特性选项卡】

【无需确认地保存更改】:如果启用,当用户修改并关闭文档特性对话框时,不会提示用户是否保存在文档特性对话框所做的修改。

【选择最近使用属性页】:如果启用,在文档特性页面关闭时,系统会记住最近一次用户编辑的文档特性页面,当下一次用户选择文档特性时,将直接跳转至上次页面关闭时的激活页面。该设置对于必须填写属性的用户及经常检查安全设置或历史记录的管理员非常有用。

- 【搜索窗口】

【最初打开属性页】:如果启用,在用户打开【按表搜索】对话框后,显示【属性】标签页。如果没有启用,【按表搜索】对话框显示【常规】标签页。

12.4　网　络　传　输

要启用用户设置中的网络传输选项,只有先启用数据源中的【设置】→【网络传输】设置,个人用户的【网络传输】设置才会生效,如图 12.4-1 所示。

- 【启用增量文件传输】选项

在通过低带宽网络发送大容量文件增量文件时,需要较长时间的等待。启用增量传输,可以极大优化传输性能,只发送需要更新的文件内容而非整个文件。

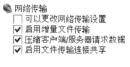

图 12.4-1　【网络传输】设置

12.5　文　　　档

【文档】设置控制用户在 ProjectWise Explorer 中对文档的权限,如图 12.5-1 所示。

图 12.5-1　【文档】设置

12.6　文　档　列　表

【文档列表】控制 ProjectWise Explorer 文档列表浏览的状态,如图 12.6-1 所示。

- 【双击动作】

【双击动作】可以设置用户在 ProjectWise Explorer 对文档进行双击操作时,系统进行的动作。其默认值为打开文档,用户可以选择其他动作,如图 12.6-2 所示。

图 12.6-1　【文档列表】设置

图 12.6-2　【双击动作】设置

115

12.7　消息文件夹

【消息文件夹】用于设置用户访问内部 ProjectWise 消息发送系统的权限,如图 12.7-1 所示。

- 【显示消息文件夹】选项

默认情况下,该选项是禁用的。启用该选项后,用户登录 ProjectWise Explorer 后可以看到消息文件夹,如图 12.7-2 所示。

图 12.7-1　【消息文件夹】设置　　　　　　图 12.7-2　显示消息文件夹

12.8　自定义文件夹

【自定义文件夹】包含【可以更改自定义文件夹设置】、【显示自定义文件夹】等选项,自定义文件夹可以作为用户收藏夹来使用,如图 12.8-1 所示。

需要注意的是,默认情况下,用户登录 ProjectWise Explorer 后,系统是不显示用户自定义文件夹的。建议管理员将所有用户的【在用户层次中显示用户文件夹】选项勾选,用户再次登录客户端后可以看到【自定义文件夹】选项,如图 12.8-2 所示。

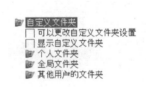

图 12.8-1　【自定义文件夹】设置　　　　　图 12.8-2　显示自定义文件夹

要使用自定义文件夹,用户需要先在个人文件夹下新建一个文件夹,才可以将经常访问的文件夹拖拽到该个人文件夹下,作为收藏夹。要移除自定义文件夹,右键点击该文件夹,在右键菜单中点击【从文件夹中移除】；若要删除源文件夹，可点击【删除】选项。

管理员可以将公共资料放在全局文件夹中，给所有用户查看的权限，方便用户进行访问。

12.9　工　作　区

【工作区】控制用户在 ProjectWise Explorer 中对工作区的权限，如图 12.9-1 所示。

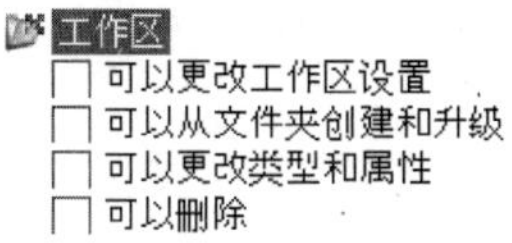

图 12.9-1　工作区设置

第 13 章　环境属性设置

13.1　属性布局设置

管理员在创建环境框架和界面后,右键点击【属性布局】,打开【属性】标签页,建立"项目名称"并对属性进行设置,会出现如图 13.1-1 所示的对话框。

图 13.1-1　项目名称、属性设置

13.1.1　常规

在【常规】标签页中,管理员可以进行以下设置:

● 【唯一】

勾选后,则该属性在其所属环境下是唯一的值,不允许重复。

● 【必须】

勾选后,则该属性值不能为空。

118

- 【访问】

选择【编辑】后,该属性框可供用户编辑;选择【只读】后,用户不能对属性框中的值进行编辑。

- 【即使处于最终状态也可编辑】

默认情况下,当文档处于最终状态时,其属性值不允许编辑;勾选该项后,则允许用户编辑。

- 【清除属性值,当在文档内复制】

勾选该项后,当属性在文档内部被拷贝时,系统检查并清除属性值。

- 【清除属性值,当在环境内复制】

勾选该项后,当属性在环境内部被拷贝时,系统检查并清除属性值。

- 【清除属性值,当从其他环境复制或移动】

勾选该项后,当属性在环境内被拷贝时,系统检查并清除属性值。

13.1.2 值

【值】标签页如图13.1-2所示。

图13.1-2 【值】标签页

当管理员点击【缺省值】、【更新值】、【值列表】下的类型下拉框时,会发现基本都存在几个选项,如图 13.1-3 所示。

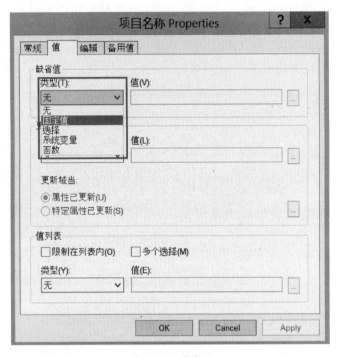

图 13.1-3　值类型

这些选项的功能主要是:

● 【固定值】

对于【缺省值】和【更新值】来说,当该属性的值基本保持不变时,管理员可以将该属性的值设置为【固定值】并在右边的输入框中输入其值,其好处是用户不需要每次输入该属性。

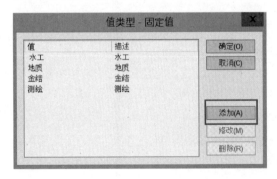

图 13.1-4　添加固定值

对于【值列表】中的【固定值】,可以在其中添加多个固定值,添加后该属性框会变成下拉菜单的形式,供用户选择。管理员可以通过"|"来区分各个固定值。也可以在【值类型】窗口添加,如图 13.1-4 所示。

● 【选择】

【选择】类型通过 SQL SELECT 语句为管理员提供了动态选择功能。若管理员需要为该属性值设置一个选择列表,并且该列表和数据库中的表是动态关联的,则可以通过在 SQL SELECT 语句框中输入 SQL 语句完成搜索。如需要从所有用户中选择设计人员,并且用户名需要按用户描述来显示,可输入语句"select o_userdesc from dms_user",如图 13.1-5 所示。

图 13.1-5 输入数据库语句

当用户登录 ProjectWise Explorer,选择应用了该环境的文档后,在【属性】标签页点击【设总名称】,如图 13.1-6 所示。

图 13.1-6 属性标签页

需要注意的是,【选择】类型主要应用在【值列表】中。对于【缺省值】和【更新值】来说,若使用上述的 SQL 语句,系统只会展示当前登录 ProjectWise 的用户值。

•【系统变量】

【系统变量】允许管理员通过系统变量对文档/文件特性进行记录,如管理员可以使用系统变量 $ DATETIME $ 来设置文档更新时间,如图 13.1-7 所示。

在【更新域当】,管理员还可以选择何时更新属性。如选择【属性已更新】,表示只要其他属性更新,则自动更新该属性。在 ProjectWise Explorer 文件设置环境属性之后,【特性】标签页中设置更新时间,其他属性会在计划开始时间自动更新,如图 13.1-8 所示。

图 13.1-7　设置系统变量　　　　　　　　　　　　图 13.1-8　选择属性更新

【值列表】下方有两个选项。勾选【限制在列表内】,用户不能在属性框中输入自定义值,只能通过选择来填充属性框。勾选【多个选择】选项,用户可以有多个选择,而非只能选择一个选项,如图 13.1-9 所示。

图 13.1-9　值列表

13.1.3　编辑

【编辑】标签页用来控制属性的显示和控制属性怎样存储在数据库表中,如图 13.1-10所示。

【控件类型】决定该属性是编辑文本框、复选框或者是多行文本框。

【控件字体】控制控件中字体的样式。

【控件字体大小】控制控件中字体的大小。

【格式字符串】强制将输入的文本指定为特定的格式。例如,在格式字符串中输入"UpperCase",可以将文本强制转换为大写;如果需要控制属性框中输入数字的位数为 4,可以通过字符串"%04d"来控制,不足的位数自动用 0补齐。

图 13.1-10　【编辑】标签页

【最大输入文本长度】允许管理员限制文本框中输入文本的字符数目。注意:最大字符串长度不会覆盖定义在数据库表中的字段的长度,两者中的短者控制该字段。

13.1.4　备用

备用值用于 SDK 编程,不在本书范围内。

13.2　文　档　编　码

在同一环境中,文档编码与文档是一一对应的。作为管理员,应先规划好文档编码的形式。文档编码可以是各个字段间由字符分隔的若干属性字段的组合。

当使用高级向导创建文档时,可以根据管理员设置好的编码规则设置文档编码。要查看或修改文档编码,可从 ProjectWise Explorer 右键菜单中选择【属性】→【文档编码】。

13.2.1　定义文档编码

要定义一个文档编码,管理员应先在环境下创建将要应用于编码的属性。一旦文档编码定义并应用后,要修改该命名规则,只能将该编码规则删除,然后重新定义。因此,需要管理员在项目前期尽可能将文档编码规划完整,以便保证文档编码的一致性。

定义文档编码的过程如下:

图 13.2-1　定义文档编码

步骤 1:右键点击定义文档编码的环境,选择【定义文档编码】,如图 13.2-1 所示。

步骤 2:在弹出的【文档编码定义向导】中,点击【Next】,如图 13.2-2所示。

步骤 3:在【选择文档编码类型】页面,可以选择是否为文档创建序列号。序列号是系统自动生成的,且管理员无法为序列号设置格式。序列号默认从 1 开始。可以设定序列号存在的区间,如图 13.2-3 所示。以勾选【是,我希望为此环境定义序列号】为例,点击【Next】。

图 13.2-2　文档编码自定义

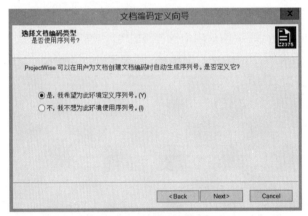

图 13.2-3　选择文档编码类型

步骤 4:在【定义序列号上下文】页面中(图 13.2-4),可以按添加或删除按钮,向文档编码添加或删除属性。如文档编码规则为:项目编号-项目名称-专业-区域-序列号。点击【Next】。

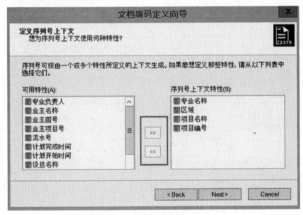

图 13.2-4　定义序列号上下文

步骤5：在【定义序列号】页面，可以指定一个属性用来存储序列号，如图13.2-5所示。建议在定义文档编码前，先设置一个属性用于存放序列号，并将其类型定义为INTEGER。点击【Next】。

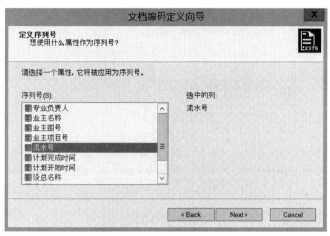

图13.2-5 定义序列号

步骤6：在【选择其他编码部分】页面，若希望再附加其他属性，可以向其中添加其他属性，添加后点击【Next】，如图13.2-6所示。

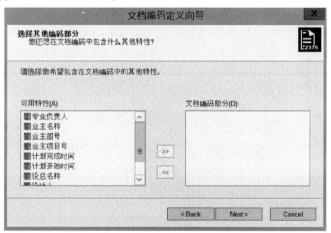

图13.2-6 选择其他编码部分

步骤7：在【定义存放域】页面，可以决定是否将生成的文档编码存放于属性中，如图13.2-7所示。如要存放，应在定义文档编码前先创建一个属性，用于存放文档编码。点击【Next】。

步骤8：在【定义附加特性】页面，可以根据实际需求决定是否定义一个或多个附加特性，用来标识一个文档或文档页，如图13.2-8所示。该特性不会存在于文档编码中，只用于标识。点击【Next】。

步骤9：在【定义文档编码格式】页面（图13.2-9），可根据实际情况定义文档编码格式。在【文档编码特性】中，可以通过【上移】和【下移】按钮调节属性的顺序，可以在【连接到前面】下拉菜单中选择各属性间的分隔符。若没有满足需求的分隔符，可以在其中输入自定义分隔符。点击【Next】。

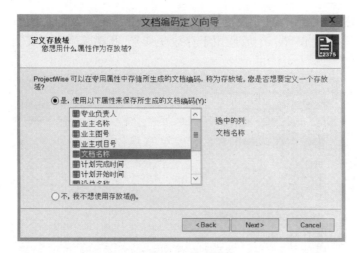

图 13.2-7　定义存放域

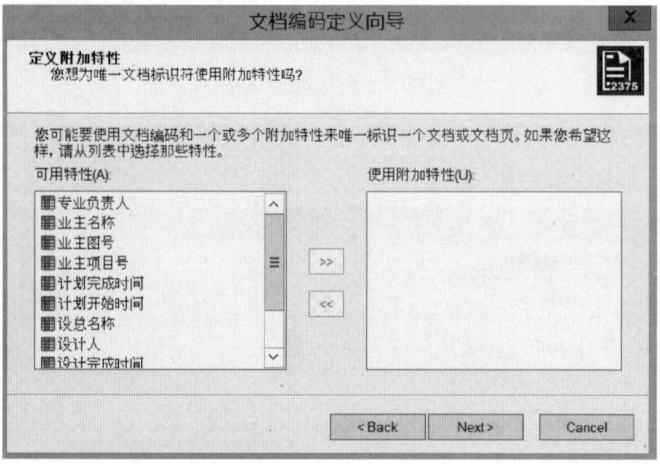

图 13.2-8　定义附加特性

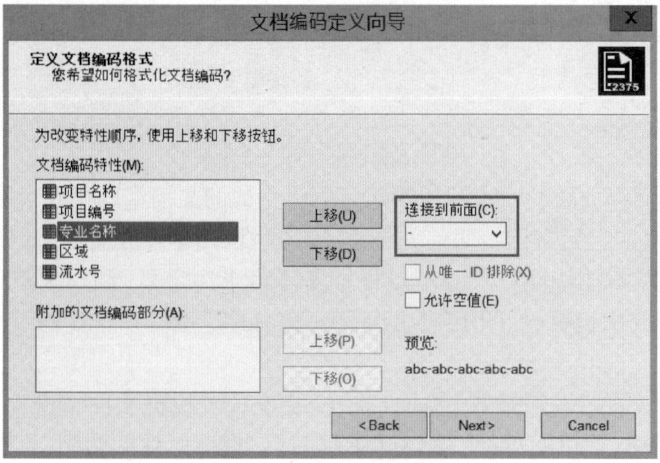

图 13.2-9　选择连接符

步骤 10:点击【Finish】,完成文档编码定义(图 13.2-10)。

图 13.2-10　完成编码

13.2.2　应用文档编码

当管理员定义文档编码后,在 ProjectWise Explorer 中给对应的项目或文件夹赋予环境后,当再次在其中新建文档时,选择【高级文档创建向导】,在【定义文档编码】页面可以看到管理员设置的文档编码规则,如图 13.2-11 所示。

图 13.2-11　文档编码规则

为了方便,管理员可将序列号放在最末位,当之前的属性填写后,点击【生成】按钮才可使用。点击【生成】按钮后,系统会自动给文档分配一个唯一的序列号,管理员也可以为序列号定义上限和下限。

第 14 章　数据库的备份

14.1　数据库备份方案

数据库的备份,可以选择完全备份和差量备份。例如,可以选择每月第一天的晚上 23:00 进行一次完整的备份,在每天晚上的 23:30 进行一次差量备份。

注意,如果 SQL 服务器使用虚拟化实施,需要将备份文件拷贝到物理机的某个磁盘中,防止虚拟机损坏后,文件完全丢失。

14.2　完　全　备　份

14.2.1　创建备份计划

步骤 1:在 SQL Server 数据库中,可点击【Management】创建备份计划,如图 14.2-1 所示。

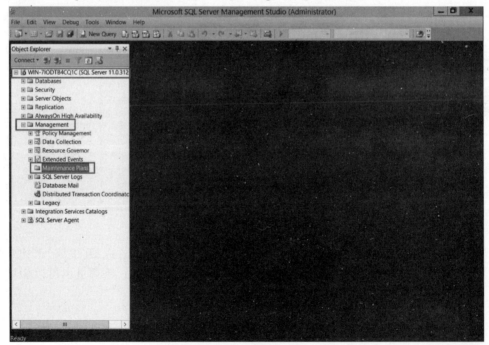

图 14.2-1　创建备份计划

步骤 2:右键点击【Maintenance Plans】,选择右键菜单中的【New Maintenance Plan】,如图 14.2-2所示。

步骤 3：输入维护计划的名称"PWDataBaseBackup"，点击【OK】，如图 14.2-3 所示。

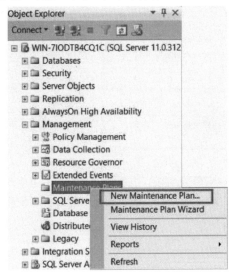

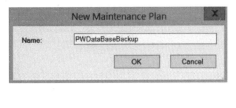

图 14.2-2　选择【New Maintenance Plan】　　　　图 14.2-3　输入计划名称

14.2.2　设置数据库完全备份计划

步骤 1：将"Back Up Database Task"拖拽到右边的空白处，生成一个任务，如图 14.2-4 所示。

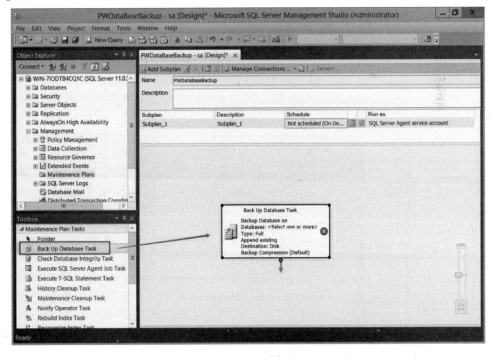

图 14.2-4　生成任务

步骤 2：双击该任务后，弹出如图 14.2-5 所示的界面，选择 PW_OFCE 及 PW_PWCE 数据库。

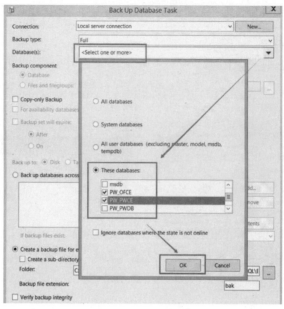

图 14.2-5 选择数据库

步骤3：选中【Create a sub-directory for each database】(为每个数据库创建子目录) ,设置备份文件存放的位置(如:D:\PWDataBaserBackup)后,点击【OK】按钮,如图 14.2-6 所示。

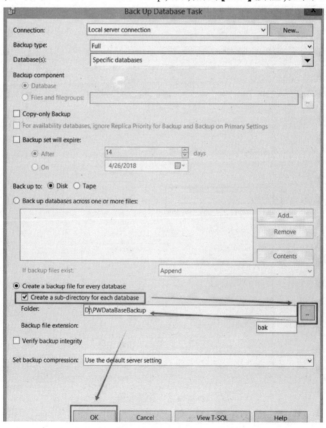

图 14.2-6 备份文件存放位置

14.2.3　设置任务执行的时间

步骤 1：双击【Subplan_1】，在弹出的对话框中修改名称及描述后，点击日历按钮，如图 14.2-7 所示。

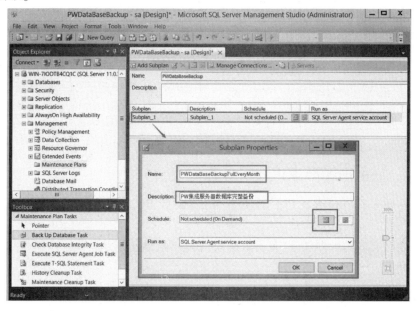

图 14.2-7　设置计划时间

步骤 2：设置计划时间，如图 14.2-8 所示。

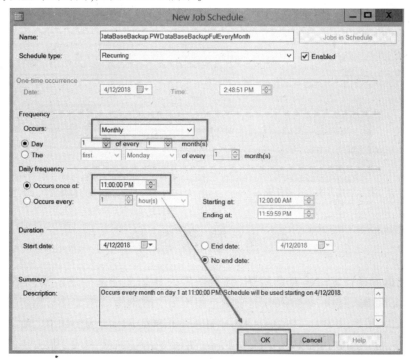

图 14.2-8　完成设置计划时间

14.2.4 保存创建的维护计划

点击保存按钮,保存创建的维护计划,这样维护计划才能起作用,如图 14.2-9 所示。

图 14.2-9 保存创建的维护计划

14.2.5 测试创建的维护计划任务

步骤 1:在树中找到保存的维护计划任务,右键点击,选择右键菜单中的【Execute】,如图 14.2-10 所示。

步骤 2:执行当前的计划任务,备份数据库,如图 14.2-11 所示。

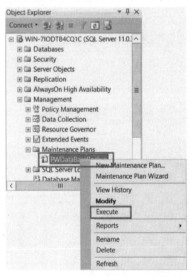

图 14.2-10 测试创建的维护计划任务

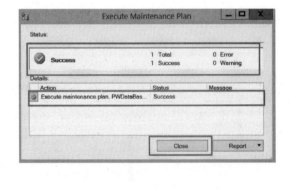

图 14.2-11 备份数据库

14.3 差 量 备 份

建议对数据库进行定时检查和维护,将数据库的日志文件进行定时清理,控制在 1G 左右,防止日志文件增长过快,导致服务器硬盘空间不足。数据库日志文件与用户指定数据文件位于同一位置,一般默认为 C:\Program Files\Microsoft SQL Server\MSSQL10_50. MSSQLSERV-ER\MSSQL\DATA。如数据源的数据库为 ProjectWise ExplorerDB. MDF,那么日志文件为 ProjectWise ExplorerDB. ldf。

14.3.1　创建备份计划

右键点击【Maintenance Plan】,选择【New Maintenance Plan】,创建备份计划,如图 14.3-1 所示。

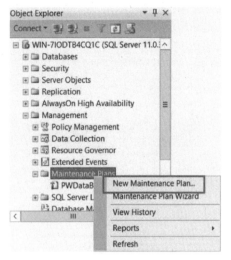

图 14.3-1　创建备份计划

14.3.2　设置数据库差量备份计划

步骤 1:将【Back Up Database Task】拖拽到窗口右边的空白处,如图 14.3-2 所示。

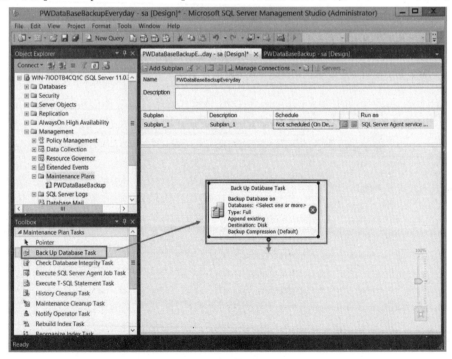

图 14.3-2　创建备份任务

步骤2：双击该任务，设置任务的属性：设置备份类型为【Differential】（差异），选择要备份的数据库，设置备份文件的存放位置（图14.3-3）。

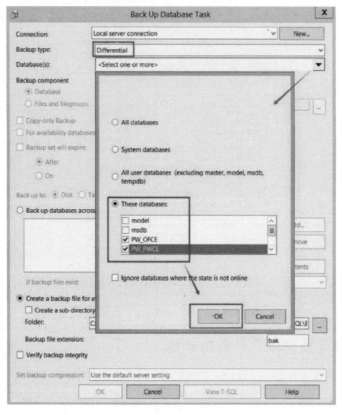

图14.3-3　设置备份类型

14.3.3　设定计划任务的运行时间

双击子计划，修改下面内容：①【name】；②【Description】；③【Run as】。例如可以选择每天晚上23:30进行备份，如图14.3-4所示。

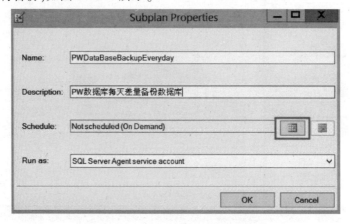

图14.3-4　设定计划任务的运行时间

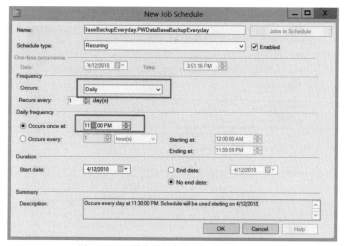

图 14.3-4　设定计划任务的运行时间(续)

14.3.4　保存维护计划

点击保存按钮保存当前维护计划,如图 14.3-5 所示。

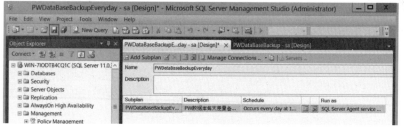

图 14.3-5　保存维护计划

14.3.5　测试维护计划任务

右键点击【Maintenance Plans】下的【PWDataBaseBackupEveryday】,选择【Execute】,执行维护计划任务,如图 14.3-6 所示。

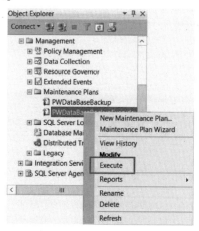

图 14.3-6　测试维护计划任务

测试的结果如图 14.3-7 所示。

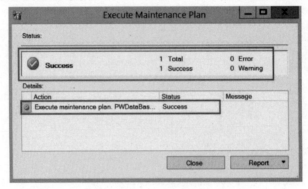

图 14.3-7　测试结果

第 15 章 数据库的还原

15.1 完全备份的还原

步骤1:找到备份的数据库完全备份文件(.bak 文件),记住路径。

步骤2:打开数据库进行完全备份的还原,如图 15.1-1 所示。

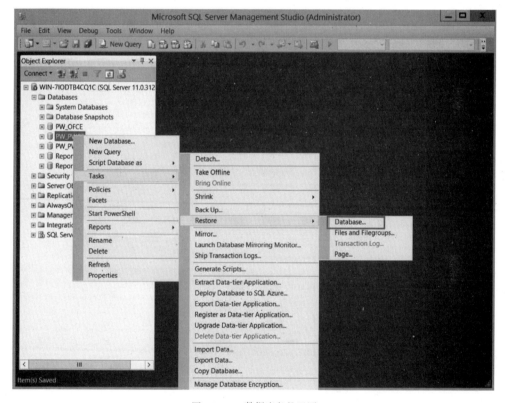

图 15.1-1 数据库备份还原

步骤3:在【General】标签页里选择所要还原的数据库并选择备份文件,如图 15.1-2 所示。

步骤4:勾选【Overwrite the existing database(WITH REPLACE)】覆盖现有数据库;将数据与日志设置为 DBMS 专门管理数据库的路径,可以保证数据库数据与操作记录一致;并且要选择【Close existing connections to destination database】(注:因还须还原差异备份,故选此项),如图 15.1-3 所示。

步骤5:点击【OK】,完全备份成功还原,如图 15.1-4 所示。

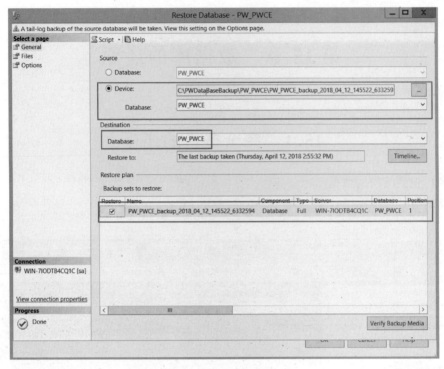

图 15.1-2　选择备份文件

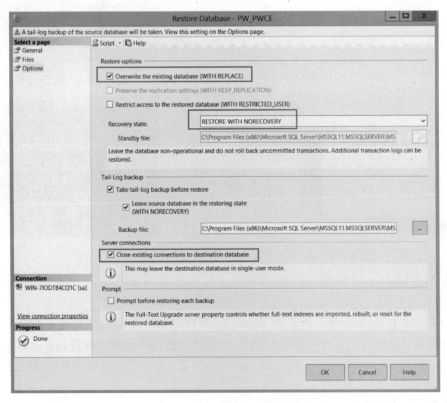

图 15.1-3　覆盖现有的数据库

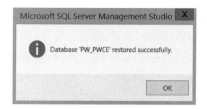

图 15.1-4　还原成功

15.2　差量备份的还原

步骤 1：找到备份的数据库差量备份文件（.bak 文件），记住路径。

步骤 2：打开数据库进行差量备份的还原，如图 15.2-1 所示。

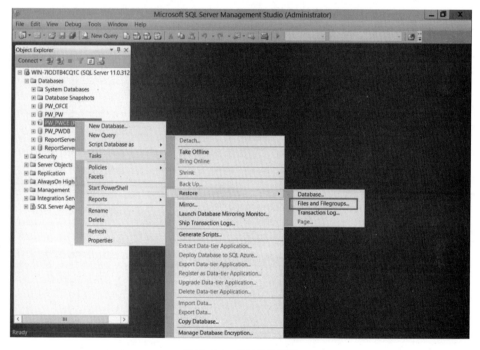

图 15.2-1　差量备份还原

步骤 3：在【General】标签页里选择所要还原的数据库并选择备份文件，如图 15.2-2 所示。

步骤 4：勾选【Overwrite the existing database（WITH REPLACE）】覆盖现有数据库，并且将数据与日志设置到 DBMS 专门管理数据库的路径，保证数据库数据与操作记录一致，并且要选择【Leave the database ready for use by rolling back the uncommitted transactions.】，该选项可以使数据库继续运行，但无法还原其他事务日志，如图 15.2-3 所示。如果还有其他差异备份须还原，则选择【Leave the database non-operational and don't roll back the uncommitted transactions.】，使数据库不再运行，但能还原其他事务日志；否则，选择【Leave the database in read-only mode. Roll back the uncommitted transactions but save the rollback operation in a file so the recovery effects can be undone.】，使数据库可以继续运行，但无法还原其他事务日志。【Leave the

139

database ready for use by rolling back the uncommitted transactions. 】和【Leave the database in read-only mode. Roll back the uncommitted transactions but save the rollback operation in a file so the recovery effects can be undone. 】可根据实际情况选择,前者影响用户访问数据库,后者则无影响。

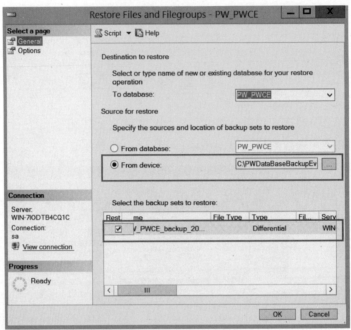

图 15.2-2　选择备份文件

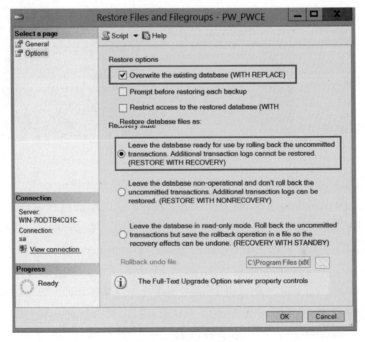

图 15.2-3　覆盖现有数据库

步骤 5：点击【OK】，差量备份还原成功，如图 15.2-4 所示。

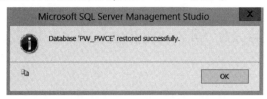

图 15.2-4　差量备份还原成功

第16章 数据迁移与升级

本章以 ProjectWise SS4 版本(Windows Server 2008 R2 + SQL Server 2008)升级到 Project-Wise CONNECT Edition 版本(Windows Server 2012 R2 + SQL Server 2012)为例。

16.1 数 据 迁 移

16.1.1 备份数据库

步骤1:打开 ProjectWise SS4 所使用的 SQL Server 2008,展开 database 列表,右键点击 ProjectWise Explorer 所使用的数据库,选择【Tasks】→【Back Up】,如图16.1-1 所示(图中数据库为 PW_PWDB)。

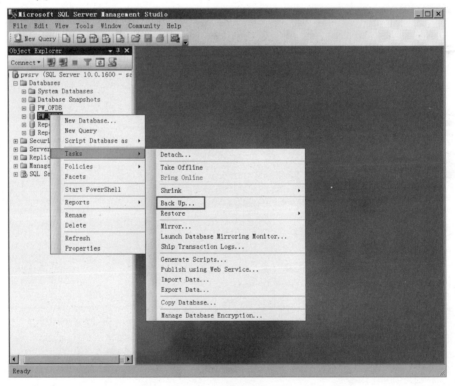

图16.1-1 选择数据库

步骤2:弹出【Back Up Database】窗口后,删除默认的备份路径,如图16.1-2 所示。

步骤3:点击【Add】按钮,会提示数据库的备份路径,输入文件名后点击【OK】,如图16.1-3 ~ 图16.1-5 所示。

步骤4:点击【OK】,备份完成。

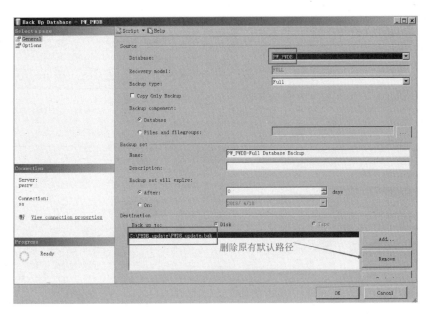

图 16.1-2　删除原有默认路径

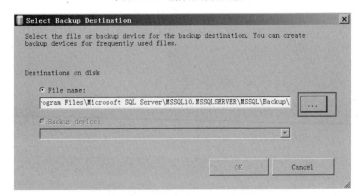

图 16.1-3　确定文件数据库备份路径

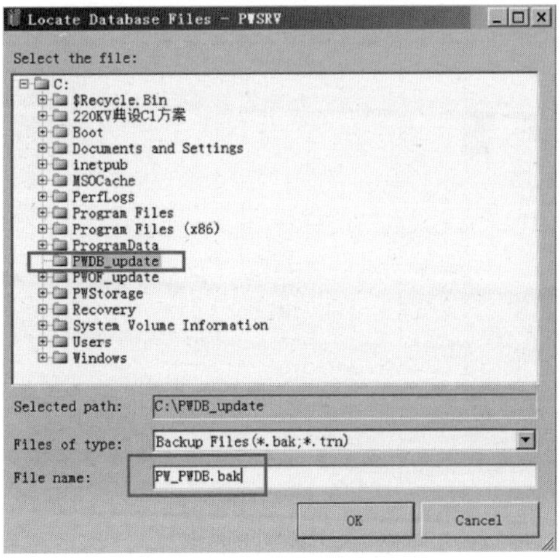

图 16.1-4　选择数据库

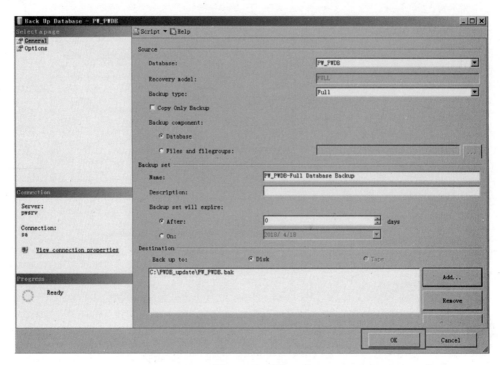

图 16.1-5　确定

16.1.2　备份 ProjectWise 存储区

步骤 1：要备份 ProjectWise 存储区，管理员首先要登录 ProjectWise Administrator，找到 Storage 的存储路径，如图 16.1-6 所示。

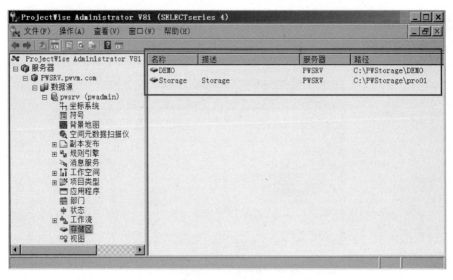

图 16.1-6　存储区

步骤 2：根据上述路径找到对应存储区文件进行备份。需要注意的是，如果在其他服务器上安装了 ProjectWise Caching Server 服务器，建议备份 C：\ProgramFiles\Bentley\ProjectWise\

Bin 下的 dmskrnl. cfg。至此, ProjectWise 原版本的数据库文件和存储区文件都备份完成。

16.1.3 还原数据库

步骤1:打开目标服务器上 ProjectWise 所使用的 SQL Server 数据库,右键点击 Database,选择【Restore Database】,如图 16.1-7 所示。

步骤2:如图 16.1-8 所示,在【Database】指向现有的数据库;或者直接在空白栏里输入,创建一个新的数据库。这里选择已有的"PW_PWDB"(注意:如果选择现有的数据库,并且数据库里有数据的话,需要在【Options】标签页里选择【Force overwrite on restore】,在【From device】找到要还原的原始文件,即之前备份的数据库文件)。对于某些已存有数据的数据库,管理员可以通过勾选【Overwrite existing database】选项来保证数据的唯一性。

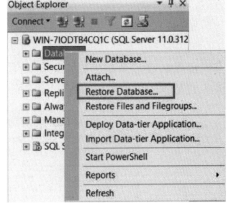

图 16.1-7 还原数据库

步骤3:点击【OK】,数据库还原成功,如图 16.1-9 所示。

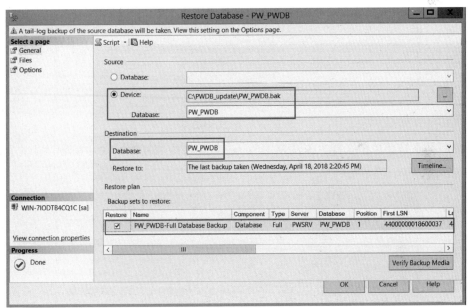

图 16.1-8 还原原始文件

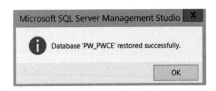

图 16.1-9 数据库还原成功

16.1.4　恢复 ProjectWise 存储区

将之前备份的 ProjectWise 存储区文件拷贝到目标机器下即可恢复 ProjectWise 存储区。需要注意的是,拷贝的路径必须和原存储区中的路径相同。

16.2　数　据　升　级

步骤 1:在服务器上找到正在使用的数据源,如图 16.2-1 所示。点击【Configure】,会提示输入数据库的用户名和密码,点击【Next】。

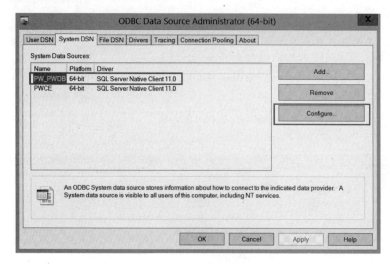

图 16.2-1　ODBC 数据源

步骤 2:在下拉菜单中选择之前从 SQL Server 数据库中恢复的"PW_PWDB",点击【Next】,如图 16.2-2 所示。

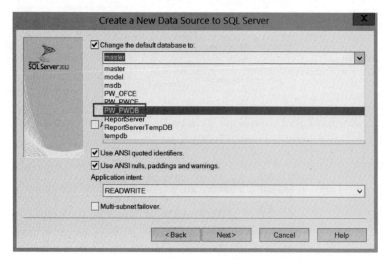

图 16.2-2　更改数据库

步骤3：选择【Test Data Source】，测试成功后，点击【OK】，如图16.2-3所示。

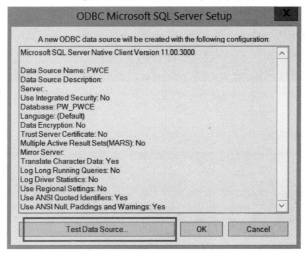

图16.2-3　测试连接

步骤4：按<Windows+R>键，输入"services. msc"，按<Enter>键在服务中找到Project-Wise Integration Server，单击右键，选择【Stop】并将其停止，如图16.2-4所示。

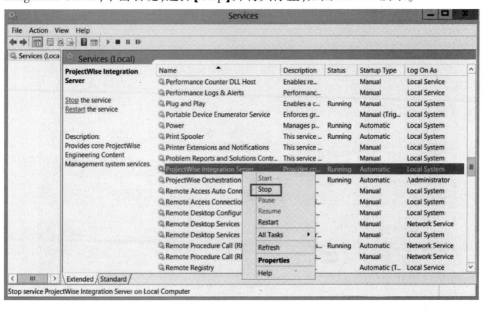

图16.2-4　将ProjectWise Integration Server服务停止

步骤5：ProjectWise的数据升级是通过dmsconv. exe来实现的。dmsconv. exe是Project-Wise自带的一个升级程序，需要在DOS环境下运行，其默认路径是C:\Program Files\Bentley\ProjectWise\Bin，复制该路径。按<Windows+R>打开【运行】窗口，输入"cmd"，在DOS窗口中，输入命令"cd C:\Program Files\Bentley\ProjectWise\Bin"，如图16.2-5所示。

步骤6：按<Enter>，输入"dmsconv. exe -d PW_PWDB-u sa -p Bentley00"。其中，"-d"后加的是ODBC的名称，"-u"为数据库的登录名，"-p"为数据库该用户的登录密码，如图16.2-6所示。

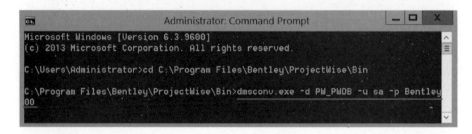

图 16.2-5　输入命令

图 16.2-6　输入用户名和密码

步骤 7：完成后按＜Enter＞键。升级成功后可看到如图 16.2-7 所示界面,输入"yes"。

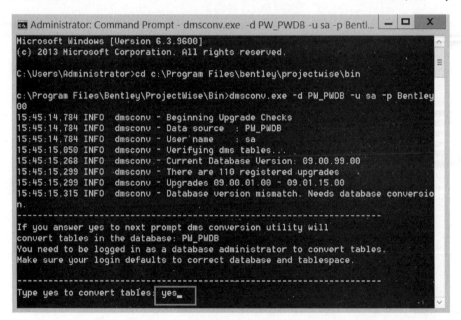

图 16.2-7　输入"yes"

步骤 8：再次运行之后,输入"yes"。按＜Enter＞键后,当看到"All database tables successfully converted!"字样时,说明转化成功,如图 16.2-8 所示。如果失败,可以尝试新建一个 ODBC,需要保证 ODBC 名称无误。

步骤 9：升级完成后,首先在 Services 里启动 ProjectWise Integration Server,然后登录 ProjectWise Administrator,这时要用 ProjectWise SS4 中的管理员用户和密码登录。如果登录成功,说明此次升级成功。

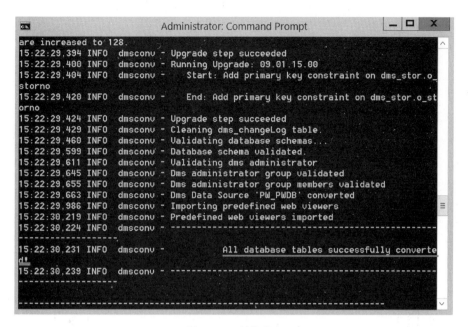

图 16.2-8　转化成功